Abdelkader Merakeb

Optimisation multicritères en contrôle optimal

AF062762

Abdelkader Merakeb

Optimisation multicritères en contrôle optimal

Application au véhicule électrique

Presses Académiques Francophones

Impressum / Mentions légales
Bibliografische Information der Deutschen Nationalbibliothek: Die Deutsche Nationalbibliothek verzeichnet diese Publikation in der Deutschen Nationalbibliografie; detaillierte bibliografische Daten sind im Internet über http://dnb.d-nb.de abrufbar.
Alle in diesem Buch genannten Marken und Produktnamen unterliegen warenzeichen-, marken- oder patentrechtlichem Schutz bzw. sind Warenzeichen oder eingetragene Warenzeichen der jeweiligen Inhaber. Die Wiedergabe von Marken, Produktnamen, Gebrauchsnamen, Handelsnamen, Warenbezeichnungen u.s.w. in diesem Werk berechtigt auch ohne besondere Kennzeichnung nicht zu der Annahme, dass solche Namen im Sinne der Warenzeichen- und Markenschutzgesetzgebung als frei zu betrachten wären und daher von jedermann benutzt werden dürften.

Information bibliographique publiée par la Deutsche Nationalbibliothek: La Deutsche Nationalbibliothek inscrit cette publication à la Deutsche Nationalbibliografie; des données bibliographiques détaillées sont disponibles sur internet à l'adresse http://dnb.d-nb.de.
Toutes marques et noms de produits mentionnés dans ce livre demeurent sous la protection des marques, des marques déposées et des brevets, et sont des marques ou des marques déposées de leurs détenteurs respectifs. L'utilisation des marques, noms de produits, noms communs, noms commerciaux, descriptions de produits, etc, même sans qu'ils soient mentionnés de façon particulière dans ce livre ne signifie en aucune façon que ces noms peuvent être utilisés sans restriction à l'égard de la législation pour la protection des marques et des marques déposées et pourraient donc être utilisés par quiconque.

Coverbild / Photo de couverture: www.ingimage.com

Verlag / Editeur:
Presses Académiques Francophones
ist ein Imprint der / est une marque déposée de
OmniScriptum GmbH & Co. KG
Heinrich-Böcking-Str. 6-8, 66121 Saarbrücken, Deutschland / Allemagne
Email: info@presses-academiques.com

Herstellung: siehe letzte Seite /
Impression: voir la dernière page
ISBN: 978-3-8381-4598-3

Zugl. / Agréé par: Tizi-Ouzou, Université Mouloud Mammeri de Tizi-Ouzou, 2011

Copyright / Droit d'auteur © 2014 OmniScriptum GmbH & Co. KG
Alle Rechte vorbehalten. / Tous droits réservés. Saarbrücken 2014

Remerciements

Il est de coutume de remercier d'abord ses directeurs de thèse, mais sachant qu'ils ne m'en voudront pas, je tiens en premier lieu à remercier ma chère épouse Farida pour m'avoir donné toute latitude d'effectuer un stage à Toulouse dans le but de parachever ma thèse. Une chose que je ne regrette pas même si la séparation était aussi difficile pour elle que pour moi, avec toutes les conséquences que cela implique. Je tiens à lui transmettre ma considération pour son soutien constant tout au long de ces 18 mois.

Toute ma reconnaissance va à mon directeur de thèse Mohamed Aidène qui m'a fait découvrir ce domaine si riche du contrôle optimal, à la frontière de l'optimisation et du calcul différentiel. Son engagement personnel m'a permis de surmonter les démarches administratives. Il m'a aussi apporté toute facilité pour favoriser mon déplacement à Toulouse. Qu'il soit chaleureusement et sincèrement remercié pour le soutien qu'il m'a prodigué.

Je tiens à exprimer ma gratitude à Frédéric Messine, mon co-directeur de thèse à l'INP-IRIT-ENSEEIHT de Toulouse sans qui cette thèse, et le travail qu'elle représente, aurait l'aspect d'une oeuvre inachevée. Je le remercie pour m'avoir accordé sa confiance, pour m'avoir fait profiter de son expérience dans le domaine dense de l'optimisation, ainsi que pour son investissement indéniable et conséquent dans les travaux présentés ici. Ses grandes qualités scientifiques ont sans nul doute contribué à améliorer et parfaire mes travaux de thèse. Ses recommandations et remarques furent à chaque fois riches de sens.

Je remercie également Djamel Hamadouche qui m'a fait l'honneur de présider mon jury ainsi que Méziane Aider et Brahim Oukacha pour avoir accepté le rôle d'examinateur et pour leurs remarques pertinentes qui m'ont aidé dans l'élaboration de la version finale de ce manuscrit.

Plus que pour avoir accepter d'être membre de mon jury de thèse, je remercie Pierre Spiteri d'avoir accepté de relire mon manuscrit dans des délais records compte tenu des contraintes qu'il avait déjà par ailleurs. Ses remarques constructives sont à la hauteur de mes ambitions scientifiques et s'inscrivent dans le besoin d'une affirmation personnelle au contact d'un monde différent, riche scientifiquement et culturellement. Merci Pierre pour les longues discussions passées ensemble à repenser l'Histoire,... celle qui nous rassemble.

J'ai aussi une pensée bienveillante pour mon vieil ami et collègue Samy du département d'Electrotechnique de l'UMMTO, avec qui j'ai passé de très longs moments de discussion sur les machines électriques. Au-delà de son humeur insaisissable et inespérée, il n'en demeure pas moins un invétéré philanthrope.

Je ne saurais également oublier mon frère Fodil ingénieur en électrotechnique à qui je dois la compréhension de certains aspects du fonctionnement des moteurs électriques.

Ce travail est en partie réalisé à l'IRIT-ENSEEIHT. Je remercie son directeur Michel Daydé pour l'accueil qu'il m'a réservé, mais aussi Patrick Amestoy responsable d'APO pour m'avoir cordialement accueilli dans son équipe, ainsi qu'à Joseph Gergaud membre de l'équipe APO et spécialistes de la théorie du contrôle.

J'adresse également mes remerciements à tous ceux qui m'ont entouré durant mon séjour à Toulouse, permanents ou thésards de l'IRIT-ENSEEIHT et de l'IMT de l'université Paul Sabatier, pour les bons instants partagés ensemble. Une pensée particulière pour Jordan et sa compagne Laurène, Sandrine, Thierry et Ming avec qui j'ai passé de très bons moments lors des déjeuners et des quelques pauses-café. La fin de la thèse ne signifie heureusement pas la fin de nos relations.

Je n'oublierai pas mes collègues du contingent, Fazia et Ghani du LMPA de l'UMMTO à qui j'adresse une pensée particulière. Notre collaboration, notoirement inébranlable, saura résister aux péripéties du temps.

Un grand merci et une affectueuse pensée pour tout le personnel administratif de l'IRIT-ENSEEIHT notamment Sylvie, l'autre Sylvie plus connu sous le nom de SAM et Sophie pour leurs disponibilité et leurs efficacité lors de mes traversées intempestives dans le réseau dédaléen de l'administration.

Je voudrais remercier du fond du coeur toute ma famille, mes parents, mes frères et soeurs, et tous les autres pour m'avoir soutenu depuis le début. Une pensée spéciale pour mes beaux-parents pour leur gentillesse et leur soutien inconditionnel.

J'ai été sensible à l'accueil de mon cousin Nadir et de son épouse Sylvie à Toulouse. Leur hospitalité témoigne d'une générosité sans faille.

Pour terminer, mon affection va pour mes trois filles Rachel, Lamys et Inès à qui je dédie ce travail.

Table des matières

Introduction   4

1 Principe des méthodes d'optimisation multicritères et des systèmes de contrôle   11
   1.1 Optimisation multicritères 11
       1.1.1 Position du problème 13
       1.1.2 Définitions et notions de bases 13
       1.1.3 Méthodes de résolution d'un problème multicritères 17
   1.2 Théorie du contrôle optimal et des systèmes de contrôle 24
       1.2.1 Formulation générale d'un problème de contrôle optimal 25
       1.2.2 Contrôlabilité 28
       1.2.3 Principe du maximum de Pontryagin 30
       1.2.4 Problème de contrôle optimal avec contraintes sur l'état 32
   1.3 Conclusion 33

2 Algorithme de résolution d'un problème linéaire multiobjectif en présence de paramètres inconnus   35
   2.1 Introduction 35
   2.2 Position du problème 36
   2.3 La solution maxmin de Slater 37
   2.4 Méthode et Algorithme 41
       2.4.1 Algorithme 43

3 Méthode adaptée pour un problème linéaire bi-critères de contrôle optimal   48
   3.1 Introduction 48
   3.2 Position du problème 50
   3.3 Concept d'optimalité 51

Table des matières

3.4	Scalarisation et Goal Programming	52
3.5	La méthode adapté	55
	3.5.1	Support-contrôle	55
	3.5.2	Accroissement de la fonctionnelle	56
	3.5.3	Estimation De la valeur de suboptimalité	57
	3.5.4	Critère d'optimalité	58
	3.5.5	Principe ε– Optimalité	58
3.6	Critère d'optimalité d'un problème terminal bi-critères de contrôle optimal	58
	3.6.1	Calcul de la valeur de suboptimalité	59
	3.6.2	Critère d'optimalité	60
	3.6.3	Critère d'ε-optimalité	61
	3.6.4	Algorithme de la méthode adaptée	61
	3.6.5	Etude d'un exemple	65
3.7	Conclusion	68

4 Etude de stratégies de commande d'un véhicule électrique — 69

4.1	Introduction	69
4.2	Modèle de fonctionnement d'un véhicule électrique	70
4.3	Approximation du problème de contrôle optimal du véhicule	74
4.4	Problème d'optimisation globale	76
4.5	Algorithme de résolution de type Branch&Bound	77
	4.5.1	Technique de calcul des bornes	77
	4.5.2	Heuristiques alternatives	79
	4.5.3	Algorithm B&B	80
4.6	Résultats numériques	82
	4.6.1	Cas sans contrainte sur la vitesse	82
	4.6.2	Cas d'une contrainte sur l'état final de la vitesse	87
	4.6.3	Cas d'une contrainte permanente sur la vitesse et d'une vitesse finale non nulle	89
	4.6.4	Cas d'une contrainte permanente sur la vitesse et d'une vitesse finale nulle	90
	4.6.5	Discussion	92
4.7	Application au problème d'optimisation bi-critères	93
4.8	Conclusion	98

Table des matières

Conclusion 100

Bibliographie 102

Introduction

La plupart des problèmes réels intervenant en mathématiques de décision sont de nature qui impose la prise en compte de plusieurs critères qui sont souvent antagonistes. Tout décideur est obligé de tenir compte du maximum d'éléments en sa possession, pour aboutir à la meilleure décision possible. La recherche opérationnelle s'est beaucoup développée avec succès. Cependant, cette théorie a ses limites car elle est trop "rationnelle" dans le sens restreint de ce terme. Pascal distinguait déjà "l'esprit de géométrie" et "l'esprit de finesse" désignant par ce dernier terme ce qui fait référence à l'intuition. Or l'intuition n'est pas toujours spontanée, elle a aussi besoin de s'appuyer sur des règles précises, sous peine de tomber dans le simple jeu de hasard.

Ainsi pour mieux appréhender la réalité, l'approche multicritères devient incontournable et dans ce cas, il est utile de définir un concept d'optimalité, d'étudier les propriétés et les conditions d'existence des solutions et de déterminer des méthodes pratiques de recherche des décisions relatives à ce concept d'optimalité.

Contrairement aux problèmes d'optimisation unicritère où l'ordre usuel sur $\mathbb{R}$ est total, pour un problème multicritères, l'ordre naturellement introduit sur l'espace des critères n'est que partiel, ce qui traduit l'impossibilité de comparer les solutions entre elles. L'ensemble des points de l'espace de recherche tels qu'il n'existe aucun point qui est strictement meilleur que tous les autres simultanément sur tous les critères est appelé front de Pareto du problème. Il s'agit de l'ensemble des meilleurs compromis réalisables entre les objectifs, et le but de l'optimisation est d'identifier cet ensemble de compromis optimal entre les critères.

La première notion d'optimalité a été introduite par Edgeworth en 1881, elle a été utilisée

INTRODUCTION

de manière plus formelle par l'économiste italien V.Pareto (1848-1923). Cette notion est appelée solution efficace, optimale selon Pareto ou encore solution non-dominée. Par la suite, Kuhn et Tucker (1951) ont donné des résultats théoriques concernant les problèmes d'optimisation multicritères.

L'optimisation multicritères a largement été appliquée pour contrôler des systèmes à plusieurs critères dont les objectifs sont souvent incompatibles. La théorie du contrôle, elle aussi, a connu un grand développement durant ces dernières années. Actuellement, il est difficile de fournir une analyse détaillée car elle est encore en constante évolution. Cependant, avec un certain recul, il est possible de distinguer quelques grandes tendances sur le développement de la théorie du contrôle, et de souligner certains progrès décisifs. Le développement de cette discipline est étroitement lié aux problèmes pratiques qui ont été résolus au cours du temps. Les principales périodes de développements concernent:

- la préoccupation des Grecs et des Arabes de l'antiquité au moyen âge représentant une période allant de 300 ans avant J.-C. à 1200 après J.-C. : Ktesibios avec la clepsydre, Al-Djazari avec la pompe hydraulique,...;

- la révolution industrielle en Europe généralement admis pour avoir commencé vers la deuxième moitié du dix-huitième siècle, mais ses racines remontent aux années 1600 avec Leibniz et Bernoulli pour le calcul des variations;

- le début de la communication de masse qui représente une période entre 1910 et 1945: G. Dalen avec le développement de contrôleurs automatiques;

- le début de l'ère de l'informatique à partir de la fin des année 50 avec les travaux de L. Pontryagin et de R.E. Bellman.

Johann Bernoulli pour la première fois mentionne le « Principe d'Optimalité » en connexion avec le problème du brachistochrone dont il établit la formulation mathématique. Celui-ci a été résolu en 1697 par Leibniz, les frères Jakob et Johann Bernoulli, Tschirnhaus, l'Hopital et Newton. Ce point est considéré comme un résultat pionnier sur le contrôle optimal. Cette théorie, qui est une extension du calcul des variations, traite de la façon de trouver une loi de commande pour un système, modélisé par un ensemble d'équations différentielles décrivant les trajectoires de variables d'état et de contrôle, de telle sorte qu'un certain critère d'optimalité soit atteint. Le contrôle optimal peut être déduit en utilisant le principe du maximum de Pontryagin (PMP), qui fournit une condition nécessaire

INTRODUCTION

d'optimalité, ou en résolvant l'équation de Hamilton-Jacobi-Bellman (HJB), qui fournit une condition suffisante d'optimalité.

Les problèmes de contrôle optimal sont en général non linéaires, par conséquent, la détermination d'une solution analytique n'est pas évidente à priori, comme cela se présente dans les problèmes de commande optimale linéaire-quadratique. En conséquence, pour déterminer une solution, il est nécessaire d'utiliser des méthodes numériques. De 1950 à 1980, l'approche privilégiée pour résoudre les problèmes de contrôle optimal est celle des méthodes indirectes (méthodes de tir) basées sur le PMP. Dans ces méthodes, le calcul des variations est utilisé pour obtenir les conditions d'optimalité du premier ordre. Ces conditions se traduisent dans un problème aux deux bouts qui possède une structure particulière, car elles découlent de la dérivation du Hamiltonien. Le tir simple consiste à trouver un zéro de la fonction associée au problème original. Il n'y a pas ici de discrétisation explicite, même si la méthode requiert tout de même l'intégration du système. Il s'agit d'une méthode rapide et de haute précision, qui ne requiert pas d'hypothèses sur la structure du contrôle. Le choix de ces méthodes s'explique par leurs avantages bien connus, à savoir une grande précision et une bonne rapidité de convergence, celle-ci n'étant pas assurée à coup sûr. Toutefois, l'inconvénient de cette méthode est la nécessité de disposer d'un point initial correct permettant la convergence de l'algorithme. Une des démarches typiques consiste à appliquer un algorithme de quasi-Newton à la fonction de tir; suivant la régularité du problème, le rayon de convergence peut être très faible. Ceci est particulièrement vrai pour des problèmes à contrôle Bang-Bang.

Une autre approche est celle des méthodes dites directes. Celle-ci a pris beaucoup d'importance au cours des trois dernières décennies. Dans une telle méthode, l'état et le contrôle sont estimés à l'aide d'une approximation de fonction appropriée, par exemple, par approximation polynômiale, ou par paramétrage constant par morceaux. Simultanément, la fonctionnelle de coût est approximée comme une fonction objectif. Les coefficients des fonctions approximées sont traités comme des variables d'optimisation et le problème est transcrit comme un problème d'optimisation non linéaire. L'éventail des problèmes qui peuvent être résolus par des méthodes directes est sensiblement supérieur à la gamme des problèmes qui peuvent être résolus par des méthodes indirectes.

Comme les solutions d'un problème de contrôle optimal sont aujourd'hui souvent mis en

INTRODUCTION

œuvre numériquement, la théorie du contrôle contemporaine concerne principalement les systèmes en solutions et en temps discrets. La théorie des approximations uniformes [69] prévoit les conditions dans lesquelles des solutions d'une série de problèmes de contrôle optimal discrétisée, convergent vers la solution du problème original en temps continu. Malheureusement, toutes les méthodes de discrétisation ne possèdent pas cette propriété.

Dans ce travail, on propose de couvrir les concepts d'optimisation multicritères appliqués au contrôle. Bien que la thématique couvre essentiellement un domaine qui est maintenant suffisamment enrichi, ce manuscrit est destiné à refléter des perspicacités théoriques et pratiques du contrôle et de l'optimisation multicritères. Un aperçu majeur de ce type de problèmes est le rapport entre le caractère purement analytique d'un problème d'optimisation et le comportement des techniques de contrôle utilisées pour concevoir un système pratique.

De nos jours, les systèmes automatisés font complètement partie de notre quotidien avec comme objectif d'améliorer notre qualité de vie. Ces systèmes automatisés interviennent naturellement dans des domaines aussi divers que la médecine, la dynamique, le raffinage du pétrole, l'écologie, l'économie, et la production d'énergie électrique. Aujourd'hui, des véhicules entièrement automatisés alimentés par des batteries électriques trouvent leurs applications dans les terminaux des aéroports pour le déplacement des passagers. Jusqu'à un passé proche, le développement du véhicule électrique a été rythmé par les crises pétrolières; depuis peu, la recherche d'une meilleure qualité de vie et le respect de l'environnement constituent les facteurs essentiels de l'intérêt que suscite ce mode de transport. Le véhicule électrique apparaît donc comme une nouvelle façon de vivre en ville et en banlieue proche, avec moins de bruit, moins de gaz d'échappement, une conduite plus calme, et à terme, comme un véhicule en "libre-service", que l'on peut partager. L'industrie du véhicule électrique se situe au carrefour de nombreuses technologies, dont certaines sont déjà anciennes; elle concerne, en particulier, les moteurs électriques, leur alimentation et leur contrôle électronique, le secteur des batteries et leur recharge, les matériaux, la conception, l'aérodynamisme et enfin, la production et la distribution de l'énergie. Si chacun s'accorde à louer les avantages de la motorisation électrique quant au faible niveau des émissions polluants, il n'en va pas de même pour les performances du stockage d'énergie électrique. En effet, si les niveaux de puissance sont comparables entre véhicules électriques et véhicules thermiques, la faible énergie embarquée dans le

INTRODUCTION

cas de source d'énergie électrique limite fortement l'autonomie et ce, quel que soit le type de technologie rechargeable électriquement envisagé (batteries, super-condensateur, volant d'inertie, etc.). La rationalisation de la consommation d'énergie est donc au centre des préoccupations aussi bien des constructeurs que des consommateurs dont l'impact est indissociablement lié au développement durable.

Ce manuscrit est divisé en quatre chapitres, ceux-ci pouvant être lus de façon relativement indépendante. Le premier chapitre est consacré aux notions d'optimisation multicritères et de systèmes de contrôle. Nous étudions dans le chapitre 2, un problème linéaire multicritères impliquant des paramètres indéterminés dans le cas de l'ignorance totale. Ce cas traite des problèmes estimés par un ensemble de critères soumis à l'incertitude dont le comportement des paramètres n'est pas connu à priori. La solution proposée est basée sur la notion de *maxmin* vectorielle de Slater. Un algorithme est élaboré pour la résolution de ce problème. Le chapitre 3 est centré sur les problèmes multicritères de contrôle optimal. L'accent est mis sur le cas d'un problème terminal de commande optimale pour lequel est appliqué la méthode adaptée du simplexe utilisant les techniques de discrétisation associées à un procédé algorithmique. Dans cette optique, la méthode développée, qui présente un intérêt général pour le contrôle optimal et enrichie par rapport aux approches algorithmiques classiques, est appliquée au cas multicritères en adaptant une démarche amorcée dans [43]. Le dernier chapitre est associé à une application sur un véhicule électrique dont la gestion du système se modélise sous forme d'un problème de contrôle optimal de type Bang-Bang. Même si la formulation mathématique est assez simple, il apparaît pleinement que les méthodes classiques (PMP, méthodes directes) sont moins efficaces numériquement. Une nouvelle approche est réalisée permettant d'approcher la solution globale d'un problème de contrôle optimal par une technique de discrétisation associée à un algorithme de Branch&Bound. La méthode est également élargie pour le traitement du cas bi-critères, correspondant à l'énergie totale consommée par le véhicule et sa distance parcourue. Par ce biais, on construit le front de Pareto.

Liste de travaux scientifiques parues dans des revues internationales

1. Farida Achemine, Abdelkader Merakeb and Abdelghani Hamaz " A New Equilibrium for an n-Person Game with Fuzzy Parameters." AJMMS, American Journal of Mathematical and Management Sciences, ISSN 0196-6324. Vol 32, N° 2, 2013, 118- 132.

2. Abdelkader Merakeb, Frédéric Messine and Mohamed Aidène "A Branch and Bound Algorithm for Minimizing the Energy Consumption of an Electrical Vehicle." 4OR, A Quaterly Journal of Operational Research, ISSN 1619-4500. DOI 10.1007/s10288-013-0247-y, 2013.

3. Farida Achemine and Abdelkader Merakeb. " Solution Concept for a Two Person Bargaining Problem with Unknown Parameters." In IJUFKS, International Journal of Uncertainty, Fuzziness and Knowledge-Based Systems, ISSN 1793-6411. Vol 19 No 1, 2011, 39-49.

4. Abdelkader Merakeb and Mohamed Aidène. " Optimality Criterion of Bi-Criteria Optimal Control Problem with Terminal Constraints." IJAM, International Journal of Applied Mathematics, ISSN 1311-1728. Volume 21 No 2, 2008, 187-203.

*Ce n'est pas de moyens qu'on manque,
mais de valeurs qui vont avec.*

Chapitre 1

Principe des méthodes d'optimisation multicritères et des systèmes de contrôle

Ce chapitre est composé de deux parties: la première partie est consacrée à la présentation des bases de l'optimisation multicritères, on retrouve dans la seconde partie, les idées essentielles qui entourent la modélisation est la résolution d'un problème de contrôle optimal.

1.1 Optimisation multicritères

Confrontés à un problème de décision, les analystes et les décideurs ont recours à un seul objectif modélisé mathématiquement par un critère, qui suppose contenir toute les informations nécessaires à la résolution du problème, ou bien à un ensemble de critères, où chaque sous-critère reflète un point de vue spécifique du problème. L'adoption de l'approche unicritère consiste à considérer que les préférences du décideur sont convenablement interprétées à travers une seule mesure, par exemple monétaire en économie, une telle approche est utilisée quand les préférences du décideur sont basées sur un unique ou prédominant critère. Cependant, dans beaucoup de contextes, différents points de vue sont considérés, ces derniers étant souvent conflictuels. Le recours à un seul critère reste possible en synthétisant ces différents point de vue en un seul, cette approche ayant l'avantage de déboucher sur un problème "bien posé" mais qui n'est pas toujours représentatif de la réalité de l'application. En effet, le critère qui en résulte est parfois difficile à interpréter et conduit à des résultats non satisfaisants. En considérant les différents points de vue, on surmonte ces difficultés. Mais dans ce cas, la construction d'une décision aboutissant à une solution sera moins directe comparé au cas où l'on considère qu'un seul critère; en effet chaque critère favorisera un groupe différent de solutions. Ainsi, la principale difficulté

Chapitre 1. Optimisation multicritères et systèmes de contrôle

de résolution d'un problème multicritères réside dans le fait qu'il conduit à un problème mathématiquement mal posé, c'est à dire sans solution objective dans le sens où il n'existe pas de décision meilleure que toutes les autres obtenues simultanément en considérant tous les critères.

Résoudre un problème de décision multicritères ne consiste donc pas à rechercher une sorte de vérité cachée, comme cela se présente dans un problème d'optimisation monocritère, mais à aider le décideur à maîtriser les données souvent complexes, de son problème et à progresser vers une solution optimale. Celle-ci sera donc appelée solution de compromis et il faut accepter qu'elle dépende fortement de la personnalité du décideur, des circonstances dans lesquelles se fait l'aide à la décision, de la façon dont on formule le problème et de la méthode d'aide à la décision qui est utilisée. Ces caractéristiques sont évidemment nouvelles pour des scientifiques habitués à résoudre des problèmes dont la solution existe indépendamment d'eux. Le recours a l'analyse multicritères constitue un renouvellement et un enrichissement des méthodes de prise de décision. Les premiers travaux dans ce domaine sont dus à Koopmans en 1951 qui donna une condition nécessaire et suffisante d'efficacité d'une solution suivi par les travaux de Kuhn et Tucker la même année qui formulèrent un problème de maximisation vectorielle. Depuis, ce domaine a connu un développement fulgurant, traitant aussi bien du domaine de la programmation multiobjectif linéaire [16] et non-linéaire [27] que des problèmes multiobjectif booléen en nombres entiers [35]; ces études vont des méthodologies d'aide multicritères à la décision [34] aux méthodes interactives impliquant la logique floue [33].

On présentera dans ce chapitre les principaux résultats déduit de l'optimisation multicritères ainsi que les principales approches utilisées pour leurs résolutions. La partie 1 est dédiée à l'optimisation multicritères. On retrouve dans La section 2, la position d'un problème de décision multicritères, suivi dans la section 3 des définitions et notations mathématiques indispensables pour lecture de ce mémoire, ainsi que les principaux résultats théoriques y afférents. La section 4 est consacrée aux méthodes pertinentes utilisées pour la résolution d'un problème multicritères. La partie 2 est consacrée à la théorie du contrôle. On retrouve à la section 6, la formulation standard utilisée dans ce mémoire pour modéliser un problème de contrôle optimal. On parlera des résultats de contrôlabilité des systèmes linéaires et non linéaires à la section 7 ainsi que du principe du maximum de Pontryagin à la section 8. On termine par un bref aperçu sur les problèmes de contrôle optimal en présence de contraintes sur l'état.

Chapitre 1. Optimisation multicritères et systèmes de contrôle

1.1.1 Position du problème

Un problème d'optimisation multicritères peut être écrit sous la forme suivante:

$$< X, f(x) > \quad (1.1)$$

où $X \subseteq \mathbb{R}^m$ désigne l'ensemble des alternatives potentielles (ou décisions ou ensemble des solutions réalisables), parmi lesquelles le décideur choisit un élément $x = (x_1,...,x_m)$, $f = (f_1...,f_n)$ étant le vecteur des fonctions critères où $f_i : X \to \mathbb{R}$, $i = 1,...,n$ représente le $i^{\text{ème}}$ critère.

Le but du décideur est de choisir une décision $x \in X$ de telle sorte que soient atteintes les plus grandes valeurs possibles de chaque critère f_i, $i = 1,...,n$.

En général, compte tenu du fait que les critères sont souvent conflictuels, il n'existe pas de décision qui maximise simultanément tous les critères f_i; ainsi certaines solutions du problème (1.1) vont être générées et parmi celles-ci les méthodes d'optimisation employées ne permettront pas de choisir Cet ensemble de solution sera l'ensemble de solutions non dominées ou ensemble des solutions efficaces.

1.1.2 Définitions et notions de bases

Dans le but de rendre plus facile la lecture de ce travail, nous donnerons les notations et définitions suivantes :

Notations

Soit $m \in \mathbb{N}$ un entier naturel. Soient $x, y \in \mathbb{R}^m$ avec $x = (x_1,...,x_m)$ et $y = (y_1,...,y_m)$. On utilise les notation suivantes:

$y > x \Leftrightarrow \forall i \in \{1,...,m\}, y_i > x_i$.

$y \geq x \Leftrightarrow \forall i \in \{1,...,m\}, y_i \geq x_i$, et $\exists i_o \in \{1,...,m\}$ tel que $y_{i_o} > x_{i_o}$.

$y \geqq x \Leftrightarrow \forall i \in \{1,...,m\}, y_i \geq x_i$.

$y \not> x$ est la négation de $y > x \Leftrightarrow \exists i \in \{1,...,m\}$ tel que $y_i \leq x_i$.

$y \not\geq x$ est la négation de $y \geq x \Leftrightarrow \forall i \in \{1,...,m\}$ $y_i \leq x_i$ ou bien $\exists i \in \{1,...,m\}$ tel que $y_i < x_i$.

$y \not\geqq x$ est la négation de $y \geq x \Leftrightarrow \exists i \in \{1,...,m\}$ tel que $y_i < x_i$.

On note par :

$\mathbb{R}^m_\geq = \{z \in \mathbb{R}^m$ tel que $z \geq 0\}$.

Chapitre 1. Optimisation multicritères et systèmes de contrôle

$I\!R_>^m = \{z \in I\!R^m \text{ tel que } z > 0\}.$

On a : $y > x \Leftrightarrow y \in x + I\!R_>^m.$

$y \geq x \Leftrightarrow y \in x + I\!R_\geq^m.$

$x + I\!R_>^m = \{z \in I\!R^m : x + z > 0\}.$

$x + I\!R_\geq^m = \{z \in I\!R^m : x + z \geq 0\}.$

Notions de bases

Dans toute situation de décision, on a des buts, des critères, des objectifs, des attributs, des contraintes et des cibles en plus des variables de décision. Les buts, les critères et les cibles ont essentiellement les mêmes définitions littéraires et il est nécessaire de les distinguer dans le contexte de la prise de décision.

Variable de décisions : C'est la valeur qui est contrôlée par le décideur, appelée aussi alternative ou stratégie. Par exemple, la production organisée d'un produit donné est une variable de décision.

Espace de décision : C'est l'espace mesuré par les variables de décisions noté $I\!R^m$.

Critère : Le critère est étroitement identifiable avec les besoins et les désirs du décideur; il représente ses préférences. C'est donc une mesure d'efficacité de performance et il est la base de toute évaluation. Le critère peut être classé comme but, cible ou objectif.

Espace des critères : C'est l'espace mesuré par les critères noté $I\!R^n$.

But : Le but est complètement identifiable aux aspirations du décideur; il est a priori déterminé avec des valeurs ou des niveaux spécifiques. Il est atteint ou non. Par exemple, décroître une production d'au moins *10%* durant une année est un but; si le but ne peut être atteint, il peut être converti en un objectif.

Objectif : Un objectif est quelque chose qui doit être mené à son terme. Par exemple, pour une entreprise, vouloir maximiser son niveau de profit ou maximiser la qualité de service à fournir ou minimiser les plaintes des clients sont des objectifs. Généralement, un objectif indique la direction désirée.

Attribut : Un attribut est une mesure qui permet d'évaluer si les objectifs ont été rencontrés ou non dans une décision particulière. Il fournit un moyen d'évaluation des objectifs.

Chapitre 1. Optimisation multicritères et systèmes de contrôle

Définitions

Dans l'espace des critères on a deux formes de dominance définies ci-dessous.

Définition 1.1. *(Dominance)*: Soit f et $\overline{f} \in \mathbb{R}^n$ deux vecteurs critères. On dira que f domine (respectivement domine strictement) $\overline{f}$ si $f \geq \overline{f}$ (respectivement $f > \overline{f}$).

Dans la définition précédente, l'idée de dominance se réfère à l'espace des critères. On défini aussi l'efficacité qui se réfère aux points de l'espace de décisions.

Définition 1.2. *(Efficacité)*: Une alternative $\overline{x} \in X$ est dite efficace (respectivement faiblement efficace) s'il n'existe pas $x \in X$ tel que $f(x) \geq f(\overline{x})$ (respectivement $f(x) > f(\overline{x})$).

Cela veut dire qu'à partir d'un point efficace, il n'est pas possible d'effectuer un mouvement pour accroître un critère f_i sans nécessairement faire décroître au moins un autre critère tout en restant dans l'ensemble des décisions.

Il existe plusieurs notions de solutions pour le problème (1.1), nous citerons les plus importantes.

Définition 1.3. On dit qu'une solution $x° \in X$ est *maximale selon Pareto* ou *efficace* pour le problème (1.1) si $\forall x \in X$ on a $f(x°) \nleq f(x)$.

On notera $X^p = \{x° \in X : f(x°) \nleq f(x), \forall x \in X\}$ l'ensemble des solutions maximales selon Pareto du problème (1.1). X^p est dit aussi ensemble efficace [18]. De manière équivalente on a:

$$x° \in X^p \Leftrightarrow f(x) \notin f(x°) + \mathbb{R}_{\geq}^q, \forall x \in X, x \neq x°.$$

Nous avons employé le terme optimum de Pareto dont nous reprendrons la définition donnée par W. Pareto concernant le bien être des individus [20]:

- "Considérons une position quelconque et supposons qu'on s'en éloigne d'une quantité très petite, compatible avec les liaisons: si en faisant cela on augmente le bien être de tous les individus de la collectivité, il est évident que la nouvelle position est plus avantageuse pour chacun d'eux; et inversement, elle l'est moins si on diminue le bien être de tous les individus. Le bien être de certains individus peut demeurer constant sans que les conclusions changent. Mais si, au contraire, ce petit mouvement fait augmenter le bien être de certains individus et diminuer celui d'autres, on ne peut plus affirmer qu'il est avantageux pour la collectivité d'effectuer ce mouvement."

Il suffit de remplacer la notion de bien être des individus pour obtenir la définition des solutions efficaces.

Définition 1.4. On dit qu'une solution $x° \in X$ est *maximale selon Slater* ou *Pareto faible* ou *faiblement efficace* pour le problème (1.1) si: $\forall x \in X$ on a $f(x°) \nless f(x)$.

Chapitre 1. Optimisation multicritères et systèmes de contrôle

On notera $X^s = \{x° \in X : f(x°) \not< f(x), \forall x \in X\}$ l'ensemble des solutions *maximales selon Slater* du problème (1.1). X^s est appelé *ensemble faiblement efficace* [18]. On a l'équivalence
$x° \in X^s \Leftrightarrow f(x) \notin f(x°) + I\!R^n_>, \forall x \in X.$

Remarque 1.1. Dans le cas ou le décideur veut minimiser les critères f_i, $i = 1,...,n$, on a des définitions analogues aux définitions 1.2, 1.3, 1.4 ; il suffit d'inverser les inégalités correspondantes car $\min f(x) = -\max(-f(x))$. On notera X_s, X_p, respectivement l'ensemble des solutions *minimales selon Slater*, l'ensemble des solutions *minimales selon Pareto*.

Remarque 1.2. Dans tout ce qui suit, on ne parlera que de max, X^s et X^p et tous les résultats suivants seront transposables pour min, X_s et X_p.

Résultats théoriques

On a deux résultats fondamentaux concernant la caractérisation des solution d'un problème multicritères :

Théorème 1.1. *([39]). Considérons le problème* (1.1) *et soit* $x° \in X$ *alors*:
$si\ \exists \lambda = (\lambda_1,...,\lambda_n) \geq 0\ tel\ que\ \sum_{i=1}^{n}\lambda_i f_i(x°) = \max_{x \in X}\sum_{i=1}^{n}\lambda_i f_i(x)\ alors\ x° \in X^s.$
$si\ \exists \lambda = (\lambda_1,...,\lambda_n) > 0\ tel\ que\ \sum_{i=1}^{n}\lambda_i f_i(x°) = \max_{x \in X}\sum_{i=1}^{n}\lambda_i f_i(x)\ alors\ x° \in X^p.$

Ce résultat signifie que pour trouver un optimum de Pareto ou de Slater, il suffit d'optimiser la fonction représentant une combinaison linéaire pondérée des critères. Cependant, Ce théorème 1.1 ne permet pas la caractérisation de toutes les solutions optimales selon Pareto ou selon Slater. Par ailleurs, le résultat du théorème 1.2 assure que sous les hypothèses de convexité et de continuité, cette condition devient nécessaire.

Théorème 1.2. *([40]). Considérons le problème* (1.1). *Supposons que* X *est convexe et* f_i *est continue et concave,* $\forall i \in \{1,...,n\}$, *alors on a les équivalences suivantes:*

$x° \in X^s \Leftrightarrow \exists \lambda \geq 0\ tel\ que\ \sum_{i=1}^{n}\lambda_i f_i(x°) = \max_{x \in X}\sum_{i=1}^{n}\lambda_i f_i(x).$

$x° \in X^p \Leftrightarrow \exists \lambda > 0\ tel\ que\ \sum_{i=1}^{n}\lambda_i f_i(x°) = \max_{x \in X}\sum_{i=1}^{n}\lambda_i f_i(x).$

Ce théorème reste valide quand $\lambda \in \Lambda$ avec
$$\Lambda = \{\lambda = (\lambda_1,...,\lambda_n),\ \lambda_i \geq 0,\ \sum_{i=1}^{n}\lambda_i = 1\}.$$

Chapitre 1. Optimisation multicritères et systèmes de contrôle

Dans le cas d'un problème de minimisation, il suffit de remplacer la condition f_i concave par f_i convexe.

Dans [13], Steuer a introduit la notion de support définie comme suit:

Définition 1.5. Considérons le problème (1.1). Une solution faiblement efficace $x° \in X$ est dite sans support s'il n'existe pas de $\lambda \in {I\!R}^n$ ($\lambda \geq 0$) pour lequel $x°$ maximise la fonction $\sum_{i=1}^{n} \lambda_i f_i(x)$.

En d'autres termes si X^s est l'ensemble des solutions faiblement efficaces du problème (1.1) et si l'on pose $X_\lambda^s = \{x° \in X : \sum_{i=1}^{n} \lambda_i f_i(x°) = \max_{x \in X} \sum_{i=1}^{n} \lambda_i f_i(x), \forall \lambda \geq 0\}$ alors l'ensemble $X^s - X_\lambda^s$ représente toutes les solutions faiblement efficaces sans support du problème (1.1). Si dans le problème (1.1) les conditions du théorème 1.2 sont vérifiées alors $X^s - X_\lambda^s = \emptyset$, où $\emptyset$ dénote l'ensemble vide.

Théorème 1.3. *On considère le problème (1.1) dans sa version linéaire. Si $X^s \neq \emptyset$, alors il existe un point extrême $x \in X$ tel que $x \in X^s$.*

Démonstration. Tout problème linéaire monocritère qui admet une solution optimale, admet un point extrême optimal. Grâce au théorème 1.2, ce point extrême est faiblement efficace. □

1.1.3 Méthodes de résolution d'un problème multicritères

De nombreuses approches sont présentées dans la littérature pour résoudre des problèmes d'optimisation multicritères. Elles peuvent être classées suivant trois catégories qui diffèrent selon les préférences du décideur pour la construction de sa *fonction d utilité*. La première approche explicite directement la *fonction d'utilité* qui répond fidèlement à la structure de préférence du décideur comme cela se présente dans la théorie de l'utilité multi-attributs ou le Goal Programming. La deuxième approche est basée sur l'idée qu'il existe une fonction implicite d'utilité exploitée dans les méthodes interactives [33]. La troisième catégorie de méthodes n'exige aucune information sur les préférences du décideur. Le décideur utilise seulement des axiomes ou critères d'optimalité telle que l'efficacité pour caractériser son choix optimal. Contrairement aux deux premières approches, celle-ci ne requiert aucune hypothèse et peut être appliquée à tous les problèmes d'optimisation multicritères. Cette section est consacrée aux différentes approches utilisées pour la résolution d'un problème multicritères.

Chapitre 1. Optimisation multicritères et systèmes de contrôle

Théorie de l'utilité multi-attributs

La théorie de l'utilité multi-attributs a déjà fait l'objet de nombreux travaux de recherche dans les années 70 [24], [37]. D'inspiration américaine, cette théorie est largement utilisée aussi bien dans des problèmes d'aide à la décision ou dans des problèmes d'économie et de finance. Elle repose sur l'axiome fondamental suivant : tout décideur essaie inconsciemment d'optimiser une fonction $U = U(f_1,...,f_n)$ qui agrège tous les points de vue à prendre en compte, comme cela se présente habituellement dans la théorie du consommateur en économie. En d'autres termes, si l'on interroge le décideur sur ses préférences, ses réponses seront en accord avec une certaine fonction U que l'on ne connaît pas. Le problème est donc d'essayer d'estimer cette fonction. En théorie de l'utilité on définit une fonction de préférence comme suit:

Définition 1.6. Étant donné un ordre de préférence noté " $\succ$ " sur l'ensemble X, une fonction U à valeurs réelles sur X vérifiant $U(x) > U(y) \Leftrightarrow x \succ y, \forall (x,y) \in X^2$ est appelée fonction de préférence ou d'utilité.

Deux problèmes essentiels se posent dans le cadre de cette théorie:

- Quelles propriétés doivent posséder les préférences du décideur pour être représentables par une fonction U ayant une forme analytique donnée (additive, multiplicative, mixte,...).

- Comment construire ces fonctions et estimer les paramètres intervenant dans la forme analytique choisie.

Du fait que différentes formes de fonctions d'utilité conduisent à différentes solutions pour le problème multicritères, on considère les définitions suivantes:

Définition 1.7. La fonction $U : \mathbb{R}^n \to \mathbb{R}$ est dite décroissante (respectivement non croissante) si $\forall f, \overline{f} \in \mathbb{R}^n$ vérifiant $f \leqq \overline{f}$ on a $U(f) \leq U(\overline{f})$ (respectivement $U(f) \geq U(\overline{f})$).

Définition 1.8. La fonction $U : \mathbb{R}^n \to \mathbb{R}$ est dite croissante (respectivement non décroissante) si $\forall f, \overline{f} \in \mathbb{R}^n$ vérifiant $f < \overline{f}$ on a $U(f) < U(\overline{f})$ (respectivement $U(f) > U(\overline{f})$).

Définition 1.9. La fonction $U : \mathbb{R}^n \to \mathbb{R}$ est dite concave (respectivement strictement concave) si $\forall f, \overline{f} \in \mathbb{R}^n$ on a $U(\lambda f + (1-\lambda)\overline{f}) \geq \lambda U(f) + (1-\lambda)U(\overline{f})$, $\forall \lambda \in [0,1]$ (respectivement $U(\lambda f + (1-\lambda)\overline{f}) > \lambda U(f) + (1-\lambda)U(\overline{f})$, $\forall \lambda \in]0,1[$, $f \neq \overline{f}$).

Remarque 1.3. En renversant les inégalités dans la définition 1.9 on aura la définition de la notion de fonction convexe (respectivement strictement convexe).

Théorème 1.4. *Soit $U : \mathbb{R}^n \to \mathbb{R}$ une fonction d'utilité associée au problème (1.1) et supposons que U est croissante. Si x° est une solution du problème $\max_{x \in X} U(f(x))$ alors x° est une solution maximale selon Slater du problème (1.1).*

Chapitre 1. Optimisation multicritères et systèmes de contrôle

Démonstration. Supposons que $x°$ n'est pas solution maximale selon Slater du problème (1.1) alors $\exists \overline{x} \in X$ tel que $f(\overline{x}) > f(x°)$ ce qui implique que $U(f(\overline{x})) > U(f(x°))$, ce qui constitue une contradiction. □

Théorème 1.5. *([46]). Soit $x°$ une solution maximale selon Slater du problème (1.1) alors il existe une fonction d'utilité $U : \mathbb{R}^n \to \mathbb{R}$ croissante telle que $x°$ est une solution du problème* $\max_{x \in X} U(f(x))$.

Le modèle additif

La forme analytique la plus simple et aussi la plus utilisée pour représenter la fonction d'utilité est la forme additive suivante:

$$U(f(x)) = \sum_{i=1}^{n} U_i(f_i(x)), \qquad (1.2)$$

où les fonctions U_i sont strictement croissantes et à valeurs réelles. Elles servent uniquement à transformer les critères initiaux f_i de manière à ce qu'ils s'expriment tous suivant la même échelle. A titre illustratif, l'exemple du prix en économie est généralement très prisé.

Le modèle additif peut aussi se mettre sous la forme d'un modèle multiplicatif

$$U^*(f(x)) = \prod_{i=1}^{n} U_i^*(f_i(x)). \qquad (1.3)$$

En posant $U^*(f(x)) = e^{U(f(x))}$ où $U_i^*(f_i(x)) = e^{U_i(f_i(x))}$ on aura la formulation (1.3).

La réciproque reste vraie lorsque les fonctions U_i sont strictement positives. Sinon, on peut toujours faire une transformation du type : $\widetilde{U}_i(f_i(x)) = U_i(f_i(x)) + c$, avec $c = max_{1 \leq i \leq n} max_{x \in X} U_i(f_i(x)) - 1$. On obtient alors un problème équivalent.

La principale difficulté de la méthode d'agrégation est que le décideur doit construire son concept d'utilité en présence une information incomplète. Cette théorie à surtout été développée dans le cas incertain et fait largement usage des probabilités pour représenter les phénomènes d'imprécisions et d'incertitudes qui peuvent apparaître dans un problème de décision. Cet aspect mérite d'être approfondi, car rien ne prouve que le concept de probabilité soit le plus pertinent pour tous les cas.

Méthode des sommes pondérées

Cette méthode est le cas particulier, mais aussi le plus élémentaire, du modèle additif lorsque la fonction d'utilité qui agrège tous les critères est donnée sous la forme:

Chapitre 1. Optimisation multicritères et systèmes de contrôle

$$U(f(x)) = \sum_{i=1}^{n} \lambda_i f_i(x); \ \lambda_i \geq 0, \ \forall i = 1,...,n. \tag{1.4}$$

λ_i étant le coefficient de pondération du critère f_i. Ce cas particulier est élémentaire car c'est une méthode qui vient immédiatement à l'esprit lorsqu'on est confronté à un problème d'agrégation multicritères; elle est souvent mise en œuvre dans la pratique et repose sur les deux théorèmes fondamentaux 1.1 et 1.2.

Remarque 1.4. Sans perte de généralité, on peut assumer que le vecteur λ est normalisé relativement à la norme $\|.\|_1$ c'est à dire $\sum_{i=1}^{n} \lambda_i = 1$.

La fonction d'utilité $U(f(x))$ est donc une combinaison convexe des critères f_i, $i = 1,...,n$. L'importance relative des critères est évidemment une information cruciale. La plupart des méthodes traduisent cette importance relative par des nombres réels positifs appelés "poids". L'interprétation de ces poids n'est pas toujours immédiate et souvent on a tendance à croire qu'ils traduisent l'importance des différents critères.

Taux de substitutions

La notion de taux de substitution traduit l'idée de compensation entre une perte sur un critère et un gain sur un autre.

Définition 1.10. Le taux de substitution en $x°$ du critère f_i par rapport au critère f_j (pris comme critère de référence) est la quantité $q_{ij}(x°)$ telle que
-1). $f_k(x°) = f_k(x)$, $\forall k \neq i,j$, $\forall x \in X^s$.
-2). $f_i(x) = f_i(x°) - 1$.
-3). $f_j(x) = f_j(x°) + q_{ij}(x°)$.

C'est donc la quantité qu'il faut ajouter au critère de référence f_j pour compenser une perte d'une unité sur le critère f_i.
Dans ce concept, la définition des unités joue un rôle fondamental. Supposons qu'on peut agréger les critères par une fonction d'utilité $U(f_1,...,f_n)$ qui soit différentiable, alors pour une certaine décision $x \in X^s$ ayant la même utilité que $x°$ on a

$$0 = U(f(x)) - U(f(x°)) = \sum_{i=1}^{n} \frac{\partial U}{\partial f_i}(f_i(x) - f_i(x°)) = -(\frac{\partial U}{\partial f_i})_{f(x°)} + q_{ij}(x°).(\frac{\partial U}{\partial f_j})_{f(x°)}$$

Chapitre 1. Optimisation multicritères et systèmes de contrôle

à cause de 1), 2) et 3). Donc

$$q_{ij}(x^\circ) = \frac{(\partial U/\partial f_i)_{f(x^\circ)}}{(\partial U/\partial f_j)_{f(x^\circ)}}. \tag{1.5}$$

Et dans le cas particulier ou la fonction U est une somme pondérée des critères $U(f(x)) = \sum_{i=1}^{n} \lambda_i f_i(x)$, on obtient:

$$q_{ij}(x^\circ) = \frac{\lambda_i}{\lambda_j}. \tag{1.6}$$

Dans le cas de la somme pondérée, les taux de substitutions sont à un coefficient multiplicatif près, les rapports des poids des critères permettant d'exprimer sur une même échelle les écarts de préférences relatifs aux différents critères. Dans ce cas, l'estimation des poids se ramène à celle des taux de substitutions. La modélisation mathématique se fait donc en terme de gain sur un critère permettant de compenser une perte sur un autre critère et non en terme d'importance des critères.

Méthode scalaire pour la détermination des poids

Dans beaucoup de problèmes de décision, il est intéressant de connaître au moins un ordre à priori donnant l'importance des critères. En industrie, un fabriquant peut être amené à décider du le lancement d'un produit, basé sur l'appréciation de certains juges sensés être qualifiés. Lorsque plusieurs produits ont la même disponibilité, il est tenté de connaître le meilleur du moins bon. Saaty [25] introduit une méthode pour ranger des critères en leur assignant des poids, basée sur la comparaison deux à deux de ces critères. Supposons qu'on ait n critères à ordonner par rapport à certaines caractéristiques. On suppose qu'un juge compare ces critères deux à deux et que ce juge constate que le critère i est a_{ij} fois plus important que le critère j; alors il est aisé de constater que $a_{ji} = \frac{1}{a_{ij}}$ c'est à dire que le critère j est $\frac{1}{a_{ij}}$ fois plus important que le critère i; remarquons que $a_{ii} = 1$,$\forall i \in \{1,...,n\}$. Le juge fournit donc une $(n \times n)$ matrice A d'éléments a_{ij}, dite matrice réciproque de comparaison. Avec cette donnée, deux procédures de rangement sont mises en évidence:

Procédure de la plus grande valeur propre
Le théorème de Perron-Froebenius [25] assure que la matrice réciproque A possède la plus grande valeur propre réelle noté λ_{max} et que le vecteur propre associé à λ_{max}, $v = (v_1,...,v_n)$

Chapitre 1. Optimisation multicritères et systèmes de contrôle

est à composantes réelles strictement positives. La valeur $w_i = \frac{v_i}{\sum_{j=1}^{n} v_j}$ représente le poids assigné au critère i.

Procédure des moindres carrés logarithmiques

Posons $r_i = (\prod_{j=1}^{n} a_{ij})^{\frac{1}{n}}$, $i = 1,...,n$. Les moindres carrés logarithmique estiment $\frac{w_i}{w_j}$ par rapport $\frac{r_i}{r_j}$.

$w_i = \frac{r_i}{\sum_{j=1}^{n} r_j}$ représente le poids assigné au critère i. Plusieurs applications de la méthode du λ_{max} sont discutées dans [25].

Cas de plusieurs juges

Dans le cas où l'on fait appel à K experts ou juges ($K > 1$), on note par $A^k = (a_{ij}^k)$ la $(n \times n)$ matrice réciproque fournie par le $k^{ème}$ juge, $k = 1,...,K$. On définit $A^* = (a_{ij}^*)$ la $(n \times n)$ matrice réciproque appelée matrice moyenne dont les éléments sont donnés comme suit:

$$a_{ij}^* = (\prod_{k=1}^{K} a_{ij}^k)^{\frac{1}{K}}. \tag{1.7}$$

L'affiliation des poids aux n critères basée sur les données des K juges se fait donc sur la matrice moyenne A^*.

Comparaison stochastique entre les critères

Lorsque n est très grand, l'obtention des valeurs a_{ij} devient complexe. Il est donc suggéré d'assigner une constante $e > 1$ lorsque le critère i est meilleur que le critère j, et la valeur 1 lorsque le critère i est aussi important que le critère j. Ainsi, une méthode a été suggérée dans le cas des comparaisons stochastiques entre les critères [26].

Lorsqu'une probabilité p_{ij} pour que le critère i soit meilleur que le critère j est assignée pour chaque comparaison entre deux critères, alors $p_{ji} = 1 - p_{ij}$ est la probabilité pour que le critère j soit meilleur que le critère i (on pose $p_{ii} = \frac{1}{2}$, $\forall i \in \{1,...,n\}$). Alors les valeurs a_{ij} de la matrice réciproque de comparaison entre les critères sont données comme suit:

$$a_{ij} = e(2p_{ij} - 1), \forall i,j \in \{1,...,n\}. \tag{1.8}$$

La méthode des sommes pondérées convertit le problème d'optimisation multiobjectif en un problème à un seul critère qui représente la somme de tous les objectifs assignés chacun

Chapitre 1. Optimisation multicritères et systèmes de contrôle

d'un poids. Ce problème peut être résolu en utilisant les algorithmes standard d'optimisation. Le point principal dans cette méthode est d'assigner les coefficients à chacun des objectifs. Les coefficients ne représentent pas nécessairement l'importance relative des objectifs. Par ailleurs, le front de Pareto peut être non-convexe; par conséquent, certaines solutions ne sont pas accessibles en utilisant cette méthode.

Goal programming

Cette méthode, qui relève d'une théorie très avancée dans le domaine des problèmes multicritères, a été initialement conçue par Charnes et Cooper [21] dans le cas linéaire; elle a été prolongée des travaux d'Ijiri [22] et d'Ignizio [28] dans le cas non linéaire. Cette théorie à elle seule, à fait l'objet d'un nombre important de travaux théoriques et pratiques [31], [2], [13], [32].
L'idée générale de la méthode est d'établir un but à atteindre pour chaque critère. Généralement, le point qui satisfait tous les buts n'est pas réalisable, la solution préférée serait donc celle qui se rapproche le plus possible de ces buts.
Soit $f^* = (f_1^*,...,f_n^*)$ le but fixé par le décideur relativement à tous les critères; le problème revient à considérer la relation suivante:

$$\min_{x \in X} D(f(x), f^*). \tag{1.9}$$

$\mathbb{R}^n$ étant un espace normé, la distance D peut avoir la forme:

$$D(f(x), f^*) = \|f(x) - f^*\|_q = (\sum_{i=1}^{n} |f_i(x) - f_i^*|^q)^{1/q} \tag{1.10}$$

où $\|.\|_q$ est la norme définie dans $\mathbb{R}^n$.
La méthodologie du Goal Programming repose sur les points suivants:
- fixer les valeurs f_i^* que l'on désire atteindre sur chaque critère,
- définir des déviations positives d_i^+ et négatives d_i^-) relativement à ces buts,
- minimiser la somme pondérée de ces déviations relativement à une norme $\|.\|_q$.

La formulation mathématique du Goal Programming est la suivante:

$$\min_{x \in X} (\sum_{i=1}^{n} (d_i^- + d_i^+)^q)^{1/q},$$
$$f_i(x) + d_i^- + d_i^+ = f_i^*,$$

Chapitre 1. Optimisation multicritères et systèmes de contrôle

$$d_i^- \geq 0,\ d_i^+ \geq 0,\ i = 1,...,n,$$
$$d_i^- * d_i^+ = 0.$$

d_i^+ et d_i^- sont respectivement appelés la sur-réalisation et la sous-réalisation du $i^{ème}$ critère f_i.

Un problème multicritères peut se formulé à partir des quatre relations suivante qui sont en fait des buts exprimés par:

$$f_1(x) = z_1 \quad (z_1 \geq b_1)$$
$$f_2(x) = z_2 \quad (z_2 \leq b_2)$$
$$f_3(x) = z_3 \quad (z_3 = b_3)$$
$$f_4(x) = z_4 \quad (b_{*4} \leq z_4 \leq b_4^*)$$

Les informations entre parenthèses indiquent les valeurs des critères z_i à atteindre (si possible) en relation avec les valeurs cibles spécifiées b_i.

Ces informations définissent dans l'espace des critères un ensemble appelé ensemble utopique. C'est l'ensemble de tous les vecteurs critères de $\mathbb{R}^n$ qui satisfont simultanément tous les buts.

Tant qu'il n'existe pas de décision $x \in X$ qui satisfait tous les buts simultanément, l'objectif du Goal Programming est de trouver une décision dans X dont les vecteurs critères se rapprochent le mieux de l'ensemble utopique dans l'espace des critères.

Remarque 1.5. Le Goal Programming se ramène toujours à un problème de minimisation d'une seule fonction. La solution qui en découle est efficace ou faiblement efficace selon la norme utilisée. Son avantage est que la solution qui en résulte satisfasse le décideur de la façon la plus proche possible lorsque les buts et les priorités de chaque but à atteindre sont bien définis.

1.2 Théorie du contrôle optimal et des systèmes de contrôle

On considère que la théorie moderne du contrôle optimal a commencé à la fin des années 1950 avec la formulation du principe du maximum de Pontryagin qui généralise les équations d'Euler-Lagrange du calcul des variations. L'objet de cette section n'est pas de décrire de manière exhaustive la théorie du contrôle optimal tant la bibliographie abordant le sujet est importante. Plus humblement, nous souhaitons présenter quelques idées essentielles, susceptibles de faciliter la résolution d'un problème de contrôle optimal. Les lecteurs intéressés par des compléments mathématiques pourront se référer aux ouvrages publiés par Trélat

Chapitre 1. Optimisation multicritères et systèmes de contrôle

[73] et Vinter [71]. D'une manière générale, un système dynamique à contrôler est un processus comprenant des entrées et des sorties. Les entrées du système (les contrôles) sont choisies de manière à optimiser un critère de performance.

1.2.1 Formulation générale d'un problème de contrôle optimal

Les aspects importants lors de la formulation d'un problème de contrôle optimal exigent:
- Description mathématique (modélisation) du processus à contrôler.
- Déclaration des contraintes physiques.
- Spécification des critères de performance.

La partie la moins triviale d'un problème de contrôle est la modélisation du processus. Le but est d'obtenir une description mathématique simple qui prévoit de manière anticipé la réponse du système pour tout contrôle.

Système de contrôle

Dans cette section, on donnera la formulation générale des types de problèmes de contrôle optimal que nous allons considérer dans ce mémoire. Il existe d'autres types, mais la formulation suivante est suffisamment générale pour couvrir l'essentielle des applications rencontrées. Nous sommes intéressés par le comportement de systèmes qui évoluent suivant certaines lois déterministes. Le système peut comporter beaucoup de variables ou paramètres. On suppose que n variables sont nécessaires pour décrire ou caractériser son comportement. L'identification de ces variables et la description du système dépendant de celles-ci est une tâche très importante: c'est l'étape de modélisation mathématique.

Les variables, nommées variables d'états seront notées x_i, $i = 1,...,n$. Le système évolue dans le temps, donc les x_i sont des fonctions de t: $x_i(t)$. On le notera pas explicitement, mais cela sera sous entendu. Les n variables d'états vont être gouvernées par n équations différentielles du premier ordre; se sont les équations d'état de forme générale $\dot{x} = f(t,x,u)$ ou $\dot{x}$ dénote le vecteur dérivé par rapport au temps t de toutes les composantes de x; $\dot{x} = (\frac{dx_1(t)}{dt},...,\frac{dx_n(t)}{dt})$. f est un vecteur de n composantes f_i, $i = 1,...,n$. On ne considère ici que des systèmes différentiels du premier ordre et ceci est complètement général, car si l'on a une équation différentielle du second ordre, l'on peut se ramener à deux équations différentielles du premier ordre en introduisant une nouvelle variable d'état. En effet, si $\ddot{x} = f(t,x,u)$ on pose $\dot{x}_1 = x_2$ et $\dot{x}_2 = f(t,x,u)$.

Chapitre 1. Optimisation multicritères et systèmes de contrôle

Les variables de contrôle seront notées $u_j(t)$, $j = 1,...,m$. Elles sont soumises à l'hypothèse d'intégrabilité par rapport à t. Cela simplifie beaucoup les traitements si les u_j sont continues; cependant cette hypothèse est bien souvent trop restrictive car ces fonctions peuvent être continues par morceaux ou de type Bang-Bang.

U est l'ensemble des contrôles admissibles qui peut être sans borne, borné ou du type Bang-Bang défini ci-dessous. Dans beaucoup de problèmes de contrôle, on peut minorer et majorer les $u_j(t)$ par des constantes. Ce seront les problèmes que nous considérons ici, de plus si $a_j \leq u_j \leq b_j$, on peut remplacer u_j par v_j en posant $u_j = \frac{1}{2}(a_j+b_j) + \frac{1}{2}(a_j-b_j)v_j$ et ainsi v_j est aussi intégrable et l'on a $-1 \leq v_j \leq 1$. Donc lorsque U est borné, il est toujours pratique de se ramener à des commandes entre -1 et 1.

Commande Bang-Bang

On suppose que U est un polyèdre (cube) $[-1,1]^m$ dans R^m. Un contrôle $u \in U$ est appelé contrôle Bang-Bang si pour chaque temps t et chaque indice $j = 1,...,m$, on a $|u_j(t)| = 1$. En d'autres termes, une commande Bang-Bang est une commande qui possède au moins un switch.

Le système commence à l'instant initial $t_0 = 0$ avec une certaine configuration $x(t_0) = x(0) = x^0$ où x^0 est l'état initial du système. On peut également se placer dans le cas où x^0 est un point d'un ensemble noté $M_0 \subseteq I\!R^n$. De manière similaire, au temps final t_1 on aura $x(t_1) = x^1$ où x^1 est l'état final du système. On distingue le cas où l'état final est un point fixé de $I\!R^n$, complètement libre, ou seulement imposé qui appartient à un ensemble appelé cible noté $M_1 \subseteq I\!R^n$.

Critère de performance

L'objectif, lors de la formulation d'un problème de contrôle, est de fournir la motivation physique pour la sélection d'une mesure de performance pour le système. Le problème revient à définir une expression mathématique qui, lorsqu'elle est optimisée, indique que le système est exécuté de la façon la plus souhaitable. Donc, choisir une mesure de performance, est une traduction en termes mathématiques des exigences physiques du système.

Chapitre 1. Optimisation multicritères et systèmes de contrôle

Le critère de performance, appelé aussi fonctionnelle coût ou fonction objectif, est généralement décrit par la formule

$$J(x,u) = F(t_1,x^1) + \int_0^{t_1} f_0(t,x,u)\,dt.$$

Cette fonctionnelle a deux parties: $F(t_1,x^1)$ est le coût terminal, c'est une sorte de pénalité liée à la fin de l'évolution du système au temps final t_1. Il a son importance lorsque t_1 est libre, sinon il est constant. $\int_0^{t_1} f_0(t,x,u)dt$ dépend de l'état du système tout au long de la trajectoire de la solution, définie par les variables d'état. Elle dépend aussi du temps t mais surtout des variables de contrôle u.

Classement des problèmes de contrôle optimal

On peut classer les fonctions objectif en deux critères physiques de performance:

Temps optimal

On parle d'un problème en temps optimal lorsque $f_0(t,x,u) = 1$, $F(t_1,x^1) = 0$ et le temps final t_1 est libre dans l'expression de $\min_u \int_0^{t_1} 1\,dt$.

Coût optimal

On parle d'un problème en coût optimal lorsque le temps final t_1 est fixé dans l'expression $\min_u \int_0^{t_1} f_0(t,x,u)dt + F(t_1,x^1)$.

Evidemment, il existe des problèmes qui combine les deux critères physique de performance, et on parlera dans ce cas d'un problème de contrôle en temps et en coût optimal. Dans certains problèmes de contrôle optimal, il peut s'avérer utile et efficace de s'intéresser tout d'abord au problème de minimisation du temps de transfert afin de pouvoir traiter correctement le problème de minimisation du coût. On comprend bien qu'une minimisation de la consommation d'énergie se doit de ne pas engendrer de temps de transfert prohibitif à l'égard du temps de transfert minimum.

Si dans l'expression de J, f_0 est proportionnelle à u^2 on parle alors d'un coût quadratique. Si u est un contrôle scalaire et f_0 est proportionnelle à u, on parle de problème de contrôle à coût d'approvisionnement (Fuel cost). Lorsque les équations d'état $\dot{x} = f(t,x,u)$ ne dépendent pas explicitement du temps, c'est à dire $\dot{x} = f(x,u)$, on parle dans ce cas de problème autonome. Si t est présent dans les équations d'état on parle de problème non-autonome.

Problème de Mayer-Lagrange
Le problème de Mayer-Lagrange est donné sous la forme d'un système $\dot{x}(t) = f(t,x(t),u(t))$, $x(0) = x^0$, $x(t_1) = x^1$, $u \in U$, $t \in [0, t_1]$, l'objectif étant de minimiser le coût $J(t_1,u) = \int_0^{t_1} f_0(t,x(t),u(t))dt + F(t_1,x(t_1))$. Lorsque $F = 0$ dans l'expression de la fonctionnelle J, on parlera d'un problème de Lagrange; lorsque $f_0 = 0$, on parlera d'un problème de Mayer.

1.2.2 Contrôlabilité

La contrôlabilité est l'un des concepts centraux de la théorie du contrôle. C'est la possibilité d'influencer l'état du système (sortie) en manipulant les entrées (commandes). Pour déterminer une trajectoire optimale joignant un ensemble initial M_0 à une cible M_1, il faut d'abord vérifier si cette cible est atteignable: c'est le problème de contrôlabilité. Existe-t-il un contrôle u tel que la trajectoire associée x conduit le système de M_0 à M_1 en un temps fini?
La notion de contrôlabilité a été inventée en 1960 par Kalman [70] à propos des systèmes linéaires de la forme $\dot{x} = Ax + Bu$. L'état x évolue dans un espace vectoriel réel E, de dimension n. On dit que $\dot{x} = Ax + Bu$ est contrôlable, si l'on peut joindre deux points de l'espace d'état, c'est à dire si, et seulement si, étant donnés deux points $x^0, x^1 \in E$ et deux instants t_0, t_1 avec $t_0 < t_1$, il existe une commande u, définie sur $[t_0, t_1]$, telle que $x(t_i) = x^i$, $i = 0, 1$.

Contrôlabilité des systèmes linéaires

La formulation mathématique d'un système de contrôle linéaire est la suivante: $\dot{x}(t) = A(t)x(t) + B(t)u(t) + r(t)$, $x(0) = x^0$, $t \in I$, où I est un intervalle de $\mathbb{R}$, A, B et r sont trois applications localement intégrables sur I à valeurs respectivement dans $M_n(\mathbb{R})$, $M_{n,m}(\mathbb{R})$ et $\mathbb{R}^n$. l'ensemble des contrôles u considérés est l'ensemble des applications mesurables localement bornées sur I à valeurs dans un sous ensemble $U \subset \mathbb{R}^m$.

Soit $M(.) : I \to M_n(\mathbb{R})$ la résolvante du système linéaire homogène $\dot{x}(t) = A(t)x(t)$ définie par $\dot{M}(t) = A(t)M(t)$, $M(0) = Id$.

Chapitre 1. Optimisation multicritères et systèmes de contrôle

Pour tout contrôle u le système $\dot{x}(t) = A(t)x(t) + B(t)u(t) + r(t)$, $x(0) = x^0$ admet une unique solution $x(.) : I \to \mathbb{R}^n$ absolument continue donnée par

$$x(t) = M(t)x^0 + \int_0^t M(t)M(s)^{-1}(B(s)u(s) + r(s))ds$$

pour tout $t \in I$.

Si $r = 0$ et $x^0 = 0$, la solution du système s'écrit $x(t) = M(t)\int_0^t M(s)^{-1}B(s)u(s)ds$. Elle est linéaire en u.

Le théorème suivant donne une condition générale pour la contrôlabilité des systèmes linéaires:

Théorème 1.6. *Le système* $\dot{x}(t) = A(t)x(t) + B(t)u(t) + r(t)$ *est contrôlable en temps* t_1 *si et seulement si la matrice*

$$C(t_1) = \int_0^{t_1} M(t)^{-1}B(t)B(t)'M(t)^{-1}dt,$$

dite matrice de contrôlabilité, est inversible.

Cette condition ne dépend pas de x^0, c'est à dire que si un système linéaire est contrôlable en temps t_1 depuis x^0, alors il est contrôlable en temps t_1 depuis tout point.

Contrôlabilité des systèmes linéaires autonomes

Le système $\dot{x}(t) = A(t)x(t) + B(t)u(t) + r(t)$ est dit autonome lorsque les matrices A et B ne dépendent pas de t. Dans ce cas, la matrice $M(t) = e^{tA}$, et la solution du système associée au contrôle u s'écrit, pour tout $t \in I$:

$$x(t) = e^{tA}(x^0 + \int_0^t e^{-sA}(B(s)u(s) + r(s))ds)$$

Le théorème suivant donne une condition nécessaire et suffisante de contrôlabilité dans le cas sans contrainte sur le contrôle:

Théorème 1.7. *On suppose que* $U = \mathbb{R}^n$. *Le système* $\dot{x}(t) = Ax(t) + Bu(t) + r(t)$ *est contrôlable en temps* t_1 *si et seulement si la matrice*

$$C = (B|AB|...|A^{n-1}B)$$

est de rang n.

Chapitre 1. Optimisation multicritères et systèmes de contrôle

La matrice C est appelée matrice de Kalman, et la condition $rang\ C = n$ est appelée condition de Kalman.

Dans le cas où le contrôle u est contraint d'appartenir à un sous ensemble $U \subset \mathbb{R}^m$, les propriétés de contrôlabilité globale sont reliées aux propriétés de stabilité de la matrice A. En clair si $r = 0$ et $0 \in U$, si la condition de Kalman est vérifiée et si la matrice A est stable (toutes les valeurs propres de A sont de parties réelles strictement négatives), alors tout point de $\mathbb{R}^n$ peut être conduit à l'origine en temps fini.

Dans le cas mono-entrée $m = 1$ (u est un contrôle scalaire), on a le théorème suivant:

Théorème 1.8. *On considère le système $\dot{x}(t) = Ax(t) + bu(t)$, $b \in \mathbb{R}^n$, $u(t) \in U$ où U est un intervalle de $\mathbb{R}$ avec $0 \in U$. Alors tout point de $\mathbb{R}^n$ peut être conduit à l'origine en temps fini si et seulement si la matrice $C = (b, Ab, ..., A^{n-1}b)$ est de rang n et la partie réelle de chaque valeur propre de A est inférieure ou égale à 0.*

Contrôlabilité des systèmes non-linéaires

La contrôlabilité est un concept clé pour la compréhension des propriétés structurelles et qualitatives, comme la stabilisation. L'extension de la contrôlabilité au cas non-linéaire de dimension finie et de dimension infinie a suscité depuis près de cinquante ans une littérature considérable, qui n'a en rien épuisé ce sujet riche et varié. Les auteurs, dans leur quasi-totalité, ont considéré des généralisations naturelles de $\dot{x} = Ax + Bu$. Le résultat suivant donne une condition sur la contrôlabilité locale des systèmes non-linéaires:

Proposition 1.1. *Considérons le système $\dot{x}(t) = f(t, x(t), u(t))$, $x(0) = x^0$ avec $f(x^0, u^0) = 0$. On note $A = \frac{\partial f}{\partial x}(x^0, u^0)$ et $B = \frac{\partial f}{\partial u}(x^0, u^0)$. Si $rang(B|AB|...|A^{n-1}B) = n$ alors le système est localement contrôlable en x^0.*

En général, le problème de contrôlabilité globale est difficile. Cependant, il existe des techniques qui permettent de déduire la contrôlabilité locale dans le cas des systèmes linéarisés.

1.2.3 Principe du maximum de Pontryagin

Considérons le problème de contrôle optimal suivant:

Chapitre 1. Optimisation multicritères et systèmes de contrôle

$$\min_{t,x,u} \; J(x,u) = \int_0^{t_1} f_0(t,x,u) \, dt$$
$$s.c$$
$$\dot{x} = f(t,x,u)$$
$$x(0) = x^0 \in M_0, \; x(t_1) = x^1 \in M_1$$
$$u \in U$$

S'il n'existe pas de contrôle $u \in U$ satisfaisant le système $\dot{x} = f(t,x,u)$, $x(0) = x^0$ et $x(t_1) \in M_1$, on dit que le système n'est pas contrôlable de l'état initial aux états terminaux de M_1. Alors le problème n'admet pas de solution. Si le système est contrôlable, il existe en général beaucoup de contrôles possibles et pour chacun de ces contrôles correspond une valeur pour J. Le problème est de déterminer un contrôle optimal $u^* \in U$ associé à des trajectoires optimales x^* qui optimise la valeur de J.

On définit une variable d'état supplémentaire x_0 dont l'équation d'état s'écrit $\dot{x}_0 = f_0(x,u)$ et soumise à la condition initiale $x_0(0) = 0$, et tel que le coût s'écrit $J(x,u) = x_0(t_1)$.
On introduit ensuite un vecteur d'état $\hat{x} = (x, x_0)$ de dimension $n+1$ où x_i, $i = 0,...,n$ sont les composantes de $\hat{x}$. De manière similaire, on étend f en $\hat{f} = (f, f_0)$ pour obtenir le système augmenté

$$\dot{\hat{x}}(t) = \hat{f}(t,x,u).$$

En raisonnant sur le système augmenté, le problème revient à chercher un contrôle u correspondant à une trajectoire $\hat{x}$ solution du système $\dot{\hat{x}}(t) = \hat{f}(t,x,u)$ joignant le point $\hat{x}^0 = (x^0, 0)$ à $\hat{x}^1 = (x^1, x_0(t_1))$ et minimisant la dernière coordonnée $x_0(t_1)$.
Le Hamiltonien du système augmenté $\dot{\hat{x}} = \hat{f}(t,x,u)$ est la fonction H définie par:

$$H : \mathbb{R} \times \mathbb{R}^{n+1} \times \mathbb{R}_*^{n+1} \times \mathbb{R}^m \to \mathbb{R}$$

$$(t,\hat{x},\hat{z},u) \mapsto H(t,\hat{x},\hat{z},u) = \sum_{i=0}^{n} z_i f_i(t,x,u).$$

Si le contrôle $u \in U$ associé à la trajectoire x est optimal sur $[0, t_1]$, alors il existe une application continue $\hat{z} : [0, t_1] \to \mathbb{R}_*^{n+1}$ appelée vecteur adjoint vérifiant

$$\dot{\hat{x}} = \frac{\partial H}{\partial \hat{z}}(t,\hat{x},\hat{z},u),$$
$$\dot{\hat{z}} = -\frac{\partial H}{\partial \hat{x}}(t,\hat{x},\hat{z},u),$$

et vérifiant la condition du maximum

Chapitre 1. Optimisation multicritères et systèmes de contrôle

$$H(t,\widehat{x},\widehat{z},u) = \max_{v \in U} H(t,\widehat{x},\widehat{z},v).$$

La fonction H ne dépend pas de x_0 d'où $\dot{z}_0(t) = 0$, c'est à dire $z_0(t)$ est constant sur $[0, t_1]$.

Remarque 1.6. La convention $z_0 \leq 0$ conduit au principe du maximum, tandis que $z_0 \geq 0$ conduit au principe du minimum.

Dans le cas où il n'y a pas de contrainte sur le contrôle ($U = \mathbb{R}^m$), un contrôle optimal u vérifie les conditions suivantes :

- $z_0 = -1$.
- u est une fonction telle que $H(t,\widehat{x},\widehat{z},v)$ atteint son maximum en u, $\forall v \in \mathbb{R}^m$. La condition du maximum devient $\frac{\partial H}{\partial v} = 0$.
- Les co-équations d'état adjoint ont une solution $\widehat{z}$, et les équations d'état ont une solution x qui prend les valeurs x^0 en $t_0 = 0$ et x^1 au temps t_1. Le système vérifie les conditions de transversalité : à l'instant initial, $z(0)$ est perpendiculaire à l'espace tangent de M_0 en $x(0)$ et à l'instant final, $z(t_1)$ est perpendiculaire à l'espace tangent de M_1 en $x(t_1)$.
- L'Hamiltonien est constant le long de la trajectoire optimale, et cette constante vaut 0 si le temps terminal t_1 est libre.

Si une solution existe, le principe du maximum de Pontryagin produit des conditions nécessaires. On va donc chercher des solutions qui satisfont ces conditions nécessaires du PMP et l'on prendra celle qui minimise J. Il n'y a pas de garantie en toute généralité sur l'unicité de la solution optimale. Si l'on ne trouve pas de solution satisfaisant toutes les conditions du PMP, alors il n'existe pas de solution au problème de contrôle optimal.

1.2.4 Problème de contrôle optimal avec contraintes sur l'état

Le PMP tel qu'il est énoncé précédemment prend en compte les contraintes sur le contrôle mais ne prend pas en compte d'eventuelles contraintes sur l'état de la forme $h_i(x) \leq 0$, $i = 1,...,k$, où les fonctions $h_i : \mathbb{R}^n \to \mathbb{R}$ sont de classe C^1. Ce problème est en effet beaucoup plus difficile. Il existe cependant des versions du PMP à ce sujet [72]. Une différence fondamentale avec le PMP classique est que la présence de contraintes sur l'état peut rendre le vecteur adjoint discontinu. Cependant il existe des méthodes qui évitent l'usage du PMP avec contrainte sur l'état par résolution d'un problème de contrôle optimal

Chapitre 1. Optimisation multicritères et systèmes de contrôle

modifié en pondérant cette contrainte de manière à forcer sa vérification. C'est la méthode de pénalisation dont le principe général est d'imposer à l'état d'appartenir à un sous ensemble $S \subset I\!R^n$. Il faut donc être capable de construire une fonction P sur $I\!R^n$ nulle sur S et strictement positive ailleurs. En ajoutant au coût $J(t_1, u)$ la quantité $\lambda \int_0^{t_1} P(x(t))dt$ où $\lambda > 0$ est un poids que l'on peut choisir assez grand, on espère que la résolution de ce problème de contrôle optimal modifié va forcer la trajectoire à rester dans l'ensemble S. En effet, si $x(t)$ sort de l'ensemble S avec λ assez grand, alors le coût correspondant est grand, et probablement la trajectoire ne sera pas optimale. La principale difficulté réside dans la capacité de construire cette fonction de pénalité.

1.3 Conclusion

Comme mentionné dans la première partie de ce chapitre, il est rare que les décisions déduites d'un problème d'optimisation multicritères soient des réalités objectives faciles à appréhender, et sachant que les préférences du décideur sont souvent supposées exister a priori, il peut arriver que le décideur ne dispose d'aucune information lui permettant de les exprimer clairement. Dans ce cas, le rôle de l'homme d'étude est d'aider le décideur à les expliciter. Des recherches sur la façon d'interroger un individu et de représenter ses préférences de façon efficace seraient donc utiles. D'autres recherches sont aussi à considérer concernant la définition des taux de substitutions, la généralisation de la théorie de l'utilité multiattribut et les méthodes qui en découlent, le problème de la modélisation des importances relatives des critères. Enfin, un rapprochement des problèmes multicritères et de l'intelligence artificielle ne pourrait que contribuer à un traitement plus réaliste des problèmes de décisions.

De nombreux problème multicritères contiennent des éléments traduisant le risque et l'incertitude des données. La prise en compte du risque dans les décisions et la modélisation de l'attitude du décideur face au risque ont surtout été abordée dans le contexte de la théorie de l'utilité multi-attributs et déjà initié par Von Neumann et Morgenstern [38], et traité par Fishburn [24], Raïffa [36], .. . Nous examinerons dans le chapitre 2 un cas linéaire d'un problèmes d'optimisation multiobjectif en présence de paramètre indéterminés.

Le langage humain est subrepticement assez moins évolué pour exprimer certaines émotions de l'esprit.

Chapitre 2

Algorithme de résolution d'un problème linéaire multiobjectif en présence de paramètres inconnus

2.1 Introduction

Dans tout processus de décision, les problèmes sont habituellement estimés par un ensemble de critères qui sont sujet à des perturbations et incertitudes qui ne cèdent pas nécessairement à l'analyse statistique. La multitude de critères et l'incertitude sont parmi les raisons fondamentales qui incitent à considérer les problèmes de décision multicritères sous incertitude comme un outils de recherche essentielle. Dans ce domaine, on distingue deux cas:

- Le cas où le décideur, par expertise, connaît, en plus du domaine de variation des paramètres inconnus, quelques propriétés sur leur comportements. Ce cas est souvent connu sous le nom de l'ignorance partielle. Par exemple, ils ont un comportement stochastique, flou ou stochastique-flou.

- Le second cas est celui où le décideur connaît seulement le domaine où varient ces paramètres indeterminés. En d'autres termes, à cause d'absence ou manque d'informations, il ignore complètement leur comportements. C'est le cas de l'ignorance totale ou complète. La recherche concernant cette discipline se trouve à la frontière entre la théorie des problèmes d'optimisation multicritères et la théorie de décision dans l'incertain. Le cas de l'ignorance totale a été initié par Zhukovsky et Salukvadze [18] qui ont introduit l'approche dite de garantie aussi appelée approche $maxmin$ vectorielle de Slater (ou $S-maxmin$).

Dans cette section, on considère un problème linéaire multicritères impliquant des pa-

Chapitre 2. Algorithme de résolution d'un problème linéaire multiobjectif

ramètres indéterminés dans le cas de l'ignorance totale. La solution proposée est basée sur la notion de *maxmin* vectorielle de Slater. On transforme le problème de détermination de ces solutions en la détermination des points extrêmes faiblement efficaces d'un problème linéaire multiobjectif discret sans indetermination. Un algorithme est élaboré pour la résolution du problème.

2.2 Position du problème

Le modèle mathématique d'un problème linéaire de décision multicritères en présence d'incertitude peut être décrit par:

$$< X, Y, Bz > \qquad (2.1)$$

où $X \subseteq \mathbb{R}^m$ est l'ensemble des stratégies du décideur,
$x = (x_1,...,x_m)' \in X$ est une décision,
$Y \subseteq \mathbb{R}^p$, est l'ensemble où varient les paramètres indéterminés,
$y = (y_1,...,y_p)' \in Y$ est le vecteur des paramètres inconnus,
$z = (x,y)'$, $B = (C/D)$, C est une $n \times m$ matrice, D est une $n \times p$ matrice,
$B = (B_1,...,B_n)'$ où $B_i = (C_i, D_i)$ représente le $i^{\text{ème}}$ critère $i = 1,...,n$,
C_i et D_i est la $i^{\text{ème}}$ ligne de la matrice C et D respectivement,
$'$ dénote la transposition.

Le but du décideur est de choisir une decision $x \in X$ de façon à maximiser tous les critères B_i, $i = 1,...,n$. Mais pour cela, il doit tenir compte des réalisations possibles des paramètres indéterminés y sur l'ensemble Y. La solution originale que nous proposons est basée sur le critère de Wald, principe de décision sous incertitude élargie aux problèmes de décision multicritères dans le cas de l'ignorance totale.

Ce critère est aussi appelé critère *maxmin* ou critère du pessimisme. C'est un principe qui assigne pour chaque stratégie, un niveau de sécurité comme un indice d'utilité. Chaque stratégie est estimée en cherchant l'état le plus défavorable sur cette décision, et le choix optimal est celui dont l'estimation est maximale. Ceci se traduit par la considération de $\min_{y \in Y} Bz$ comme indice d'utilité pour la stratégie x (x fixé) et de maximiser ensuite cette valeur sur l'ensemble des décisions X c'est à dire $\max_{x \in X} \min_{y \in Y} \{Cx + Dy\}$.

2.3 La solution maxmin de Slater

Les notions *minmax* et *maxmin* sont parmi les notions fondamentales de la théorie des jeux antagoniques avec des fonctions de gain scalaires [9]. Il est question ici d'étudier la généralisation de la notion *maxmin* dans le cas des fonctions gain vectorielles. La notion du *maxmin* vectoriel est basée sur le principe du résultat garanti connu en théorie des jeux. D'après ce principe, la décision garantie du problème (2.1) sera défini par les valeurs de $Cx + Dy$ réalisées par les stratégies maximales selon Slater choisies parmi les minima de $Cx + Dy$ par rapport à y.

Proposition 2.1. *[19]. La solution S-maxmin du problème (2.1), coïncide avec les solutions maximales selon Slater du problème*

$$< X^s \times Y_s, Cx + Dy > \tag{2.2}$$

La recherche des solutions S-maxmin du problème (2.1) est représenté par les trois étapes suivantes:

- Etape 1 : Déterminer l'ensemble Y_s des solutions minimales selon Slater du problème $< Y, Dy >$.

- Etape 2 : Déterminer l'ensemble X^s des solutions maximales selon Slater du problème $< X, Cx >$.

- Etape 3 : Chercher les solutions maximales selon Slater du problème $< X^s \times Y_s, Cx + Dy >$.

Les méthodes de programmation linéaire multicritères permettent de construire les ensembles X^s et Y_s mais ne peuvent être appliquées au problème $< X^s \times Y_s, Cx + Dy >$. La difficulté réside dans la définition des contraintes de l'ensemble $X^s \times Y_s$ qui en plus n'est pas nécessairement convexe. Pour résoudre ce problème, on exploite les points extrêmes faiblement efficaces des ensembles X^s et Y_s et on déduit un problème discret qui nous donnera certaines solutions du problème (2.1).

On pose:
$\overline{X^s} = \{x^1,...,x^{k_1}\}$ l'ensemble de tous les points extrêmes maxima selon Slater du problème $< X, Cx >$, et $\overline{Y_s} = \{y^1,...,y^{k_2}\}$ l'ensemble de tous les points extrêmes minima selon Slater du problème $< Y, Dy >$.

D'après le théorème 1.3, l'ensemble $\overline{X^s}$ ($\overline{Y_s}$) n'est pas vide lorsque l'ensemble $X^s \neq \emptyset$

Chapitre 2. Algorithme de résolution d'un problème linéaire multiobjectif

$(Y_s \neq \emptyset)$.

On considère le problème discret suivant

$$< Z, Bz > \qquad (2.3)$$

où $Z = \overline{X^s} \times \overline{Y_s} = \{z^1,...,z^k\}$, $z^i = (x^{i_1}, y^{i_2})$, $k = k_1 k_2$, $i = 1,...,k$, $i_1 = 1,...,k_1$, $i_2 = 1,...,k_2$, et la $((k-1) \times n)$ matrice $A(z^o) = (a_{ij}(z^o))$ avec $a_{ij}(z^o) = B_j z^i - B_j z^o$, $i = 1,...,k$, $z^i \neq z^o$, $j = 1,...,n$, $z^o \in Z$, et on considère le système :

$$\left. \begin{array}{c} A(z^o)\lambda \leq 0 \\ \lambda \geq 0 \end{array} \right\}. \qquad (2.4)$$

L'ensemble des solutions réalisables du système (2.4) est un ensemble de $I\!R^n_+$ qui est soit réduit au point 0 (lorsque $\lambda = 0$ est l'unique solution de ce système), ou bien un cône d'origine 0 (dans le cas où la solution n'est pas unique).

La proposition suivante établie la relation entre le système (2.4) et le problème (2.1). Ce résultat est central pour l'élaboration de l'algorithme.

Proposition 2.2. *Si le système (2.4) admet une solution non triviale ($\lambda \neq 0$) alors $z^o = (x^o, y^o)$ est une solution maximale selon Slater du problème (2.3), en d'autres termes, x^o est une S-maxmin solution du problème (2.1) correspondant à l'indeterminée y^o.*

Pour établir la démonstration de la proposition 1.2, on aura besoin des deux résultats suivants:

Lemme 2.1. *On désigne par CoX^s (respectivement CoY_s) l'enveloppe convexe de l'ensemble X^s (respectivement Y_s). Alors CoX^s (respectivement CoY_s) est un polyèdre convexe dont $\overline{X^s}$ (respectivement $\overline{Y_s}$) est l'ensemble de tous ses points extrêmes.*

Démonstration. On démontre d'abord que $CoX^s = Co\overline{X^s}$. Mais comme on a: $\overline{X^s} \subset X^s$ alors $Co\overline{X^s} \subset CoX^s$. Il suffit donc de montrer que $CoX^s \subset Co\overline{X^s}$.

Soit $x \in CoX^s$ alors $\exists x^i \in X^s, i = 1,...,r$, et $\exists \alpha_i \geq 0$ avec $\displaystyle\sum_{i=1}^{r} \alpha_i = 1$, tel que $x = \displaystyle\sum_{i=1}^{r} \alpha_i x^i$.

Comme $x^i \in X^s, \forall i \in \{1,...,r\}$, alors $\exists x^i_j \in \overline{X^s}, j = 1,...,l_i$, et $\exists \beta^i_j \geq 0$ avec $\displaystyle\sum_{j=1}^{l_i} \beta^i_j = 1$, tel que $x^i = \displaystyle\sum_{j=1}^{l_i} \beta^i_j x^i_j$. Ceci est vérifié du fait que X^s est un ensemble connexe dans le sens où les

Chapitre 2. Algorithme de résolution d'un problème linéaire multiobjectif

combinaisons convexes de chaque paire de points adjacents de $\overline{X^s}$ sont aussi des éléments de X^s. Nous renvoyons aux fondements de l'algorithme du simplexe multicritères [13].
Par conséquent, on peut écrire $x = \sum_{i=1}^{r} \alpha_i \sum_{j=1}^{l_i} \beta_j^i x_j^i = \sum_{i=1}^{r} \sum_{j=1}^{l_i} \alpha_i \beta_j^i x_j^i$.
On vérifie aisément que $\sum_{i=1}^{r} \sum_{j=1}^{l_i} \alpha_i \beta_j^i = 1$, c'est à dire que x est une combinaison convexe des points de $\overline{X^s}$ ce qui implique que $x \in Co\overline{X^s}$. Donc $CoX^s = Co\overline{X^s}$.
Ce qui montre que CoX^s est un polyèdre convexe dont les points extrêmes sont ceux de l'ensemble $\overline{X^s}$. On peut vérifier que $\overline{X^s}$ est l'ensemble de tous les points extrêmes de CoX^s.
En effet, on suppose que $\exists x \in \overline{X^s}$ qui n'est pas point extrême de $CoX^s = Co\overline{X^s}$, donc il existe des points extrêmes x^i, $i = 1,...,r$ dans $Co\overline{X^s}$, donc $x^i \in \overline{X^s}$, $i = 1,...,r$, et il existe $\alpha_i \geq 0$ avec $\sum_{i=1}^{r} \alpha_i = 1$, tel que $x = \sum_{i=1}^{r} \alpha_i x^i$. Ce qui est absurde du fait que x est un point extrême de X. □

Remarque 2.1. On pourrait de la même façon démontrer ces résultats pour CoY_s et les étendre pour l'ensemble $Co(X^s \times Y_s)$:
$Co(X^s \times Y_s)$ est un polyèdre convexe dont $\overline{X^s} \times \overline{Y_s}$ est l'ensemble de tous ses points extrêmes et on a

$$Co(X^s \times Y_s) = Co(\overline{X^s} \times \overline{Y_s}) = CoX^s \times CoY_s = Co\overline{X^s} \times Co\overline{Y_s}.$$

Lemme 2.2. *Le système (2.4) admet une solution non triviale ($\lambda \neq 0$) si et seulement si z^o est une solution maximale selon Slater du problème $< Co(X^s \times Y_s).\ Cx + Dy >$.*

Démonstration. <u>Condition nécessaire</u>:
z^o est une solution maximale selon Slater du problème $< Co(X^s \times Y_s), Cx + Dy >$ si et seulement si

$$\exists \lambda \geq 0,\ (\lambda \neq 0) \text{ tel que } \sum_{j=1}^{n} \lambda_j B_j z \leq \sum_{j=1}^{n} \lambda_j B_j z^o,\ \forall z \in Co(X^s \times Y_s)$$
$$\Rightarrow \sum_{j=1}^{n} \lambda_j B_j z^i \leq \sum_{j=1}^{n} \lambda_j B_j z^o, \forall z^i \in Z \text{ puisque } Z \subset Co(X^s \times Y_s).$$
$$\Leftrightarrow \sum_{j=1}^{n} \lambda_j (B_j z^i - B_j z^o) \leq 0,\ \forall i \in \{1,...,k\}$$
$$\Leftrightarrow A(z^o)\lambda \leq 0.$$

Chapitre 2. Algorithme de résolution d'un problème linéaire multiobjectif

Condition suffisante:

$\exists \lambda \geq 0, (\lambda \neq 0)$ tel que $A(z^o)\lambda \leq 0 \Leftrightarrow \sum_{j=1}^{n} \lambda_j(B_j z^i - B_j z^o) \leq 0, \forall i \in \{1,...,k\}$

$$\Leftrightarrow \sum_{j=1}^{n} \lambda_j B_j z^i \leq \sum_{j=1}^{n} \lambda_j B_j z^o, \forall i \in \{1,...,k\}$$

$$\Rightarrow \sum_{j=1}^{n} \lambda_j B_j z \leq \sum_{j=1}^{n} \lambda_j B_j z^o, \forall z \in Co(X^s \times Y_s).$$

En effet, $\forall z \in Co(X^s \times Y_s)$, et grâce à la remarque 1.7, $\exists z_l \in Z, l = 1,...,r$, $\exists \alpha_l \geq 0$ avec $\sum_{l=1}^{r} \alpha_l = 1$ tel que $z = \sum_{l=1}^{r} \alpha_l z_l$ et l'on a

$$\sum_{j=1}^{n} \lambda_j B_j z = \sum_{j=1}^{n} \lambda_j B_j (\sum_{l=1}^{r} \alpha_l z_l) = \sum_{j=1}^{n} \sum_{l=1}^{r} \alpha_l \lambda_j B_j z_l$$

$$\leq \sum_{j=1}^{n} \sum_{l=1}^{r} \alpha_l \lambda_j B_j z^o = \sum_{j=1}^{n} \lambda_j B_j z^o. \qquad \square$$

On passe maintenant à la démonstration de la proposition 1.2:

Démonstration. Soit $\lambda \neq 0$ solution du système (2.4) alors $A_i(z^o)\lambda \leq 0, \forall i \in \{1,...,k\}$, où $A_i(z^o)$ est la $i^{ème}$ ligne de la matrice $A(z^o)$.

$$\Rightarrow \sum_{j=1}^{n} \lambda_j(B_j z^i - B_j z^o) \leq 0, \forall i \in \{1,...,k\}$$

$$\Rightarrow \sum_{j=1}^{n} \lambda_j B_j z^i \leq \sum_{j=1}^{n} \lambda_j B_j z^o, \forall i \in \{1,...,k\}$$

ce qui est équivalent à dire que $\sum_{j=1}^{n} \lambda_j B_j z^o \geq \sum_{j=1}^{n} \lambda_j B_j z^i, \forall z^i \in Z$

ce qui implique que $\sum_{j=1}^{n} \lambda_j B_j z^o \geq \sum_{j=1}^{n} \lambda_j B_j z, \forall z \in Co(X^s \times Y_s)$.(voir la preuve du lemme 1.2).

Du fait que $X^s \times Y_s \subset Co(X^s \times Y_s)$ alors on peut écrire

$$\sum_{j=1}^{n} \lambda_j B_j z^o \geq \sum_{j=1}^{n} \lambda_j B_j z, \forall z \in X^s \times Y_s.$$

$$\Rightarrow z^o = (x^o, y^o)' \text{ vérifie } \max_{(z \in X^s \times Y_s)} \sum_{j=1}^{n} \lambda_j B_j (x,y)'$$

$\Rightarrow z^o = (x^o, y^o)'$ est une solution maximale selon Slater du problème $< X^s \times Y_s, Cx + Dy >$.
Par conséquent x^o est une solution $S\text{-}maxmin$ du problème (2.1) correspondant à l'indéterminé y^o. □

Le test de l'efficacité faible de chaque point $z^o \in Z$, de la proposition 1.2, suppose la construction de la matrice $A(z^o)$ dont la dimension dépend du nombre d'éléments de l'ensemble Z. La proposition suivante permet de réduire le cardinal de l'ensemble Z en éliminant les points qui ne sont pas maxima selon Slater du problème (2.2) sans passer par le test du système (2.4). Ce qui nous ramène à réduire le nombre de tests à faire et à réduire la dimension de la matrice $A(z^o)$.

Proposition 2.3. *Soit* $\overline{S_M} = \{z^* \in Z : Bz^o \not< Bz, \forall z \in Z\}$ *alors:*
$\overline{z} \in Z - \overline{S_M} \Rightarrow$ *le système* (2.4) *correspondant à* $A(\overline{z}) = (a_{ij}(\overline{z}))$ *tel que* $a_{ij}(\overline{z}) = B_j z^i - B_j \overline{z}$, $i = 1,...,k$, $z^i \neq \overline{z}$, $j = 1,...,n$, *admet* $\lambda = 0$ *comme unique solution.*

Démonstration. On suppose que $\exists \overline{\lambda} \neq 0$ vérifiant le système (2.4) c'est à dire $\left. \begin{array}{c} A(\overline{z})\overline{\lambda} \leq 0 \\ \overline{\lambda} \geq 0 \end{array} \right\}$.
Comme $\overline{z} \in Z - \overline{S_M}$ alors $\exists z^i \in Z$ tel que $B\overline{z} < Bz^i$ c'est à dire $\exists i \in \{1,...,k\}$ tel que $B_j \overline{z} < B_j z^i$, $\forall j \in \{1,...,n\}$.
Comme $\overline{\lambda} \neq 0$ et vérifiant $\overline{\lambda} \geq 0$ alors $\overline{\lambda_j} B_j \overline{z} \leq \overline{\lambda_j} B_j z^i$, $\forall j \in \{1,...,n\}$, avec au moins une inégalité stricte.
$\Rightarrow \exists i \in \{1,...,k\}$ tel que $\sum_{j=1}^{n} \overline{\lambda_j} B_j \overline{z} < \sum_{j=1}^{n} \overline{\lambda_j} B_j z^i$
$\Rightarrow \exists i \in \{1,...,k\}$ tel que $\sum_{j=1}^{n} \overline{\lambda_j} (B_j z^i - B_j \overline{z}) > 0$
ce qui contredit le fait que $A(\overline{z})\overline{\lambda} \leq 0$. □

La section suivante est dédiée à la recherche d'une méthode pratique pour le test du système (2.4) dans le but d'élaborer un algorithme.

2.4 Méthode et Algorithme

Dans le processus de recherche des solutions maximales selon Slater du problème (2.2), Le test de ces points peut être évalué par le système

$$\left. \begin{array}{c} A(z^o)\lambda \leq 0 \\ e'\lambda = 1 \\ \lambda \geq 0 \end{array} \right\} \quad (2.5)$$

Chapitre 2. Algorithme de résolution d'un problème linéaire multiobjectif

avec $e' = (1,...,1) \in I\!R^n$.

La proposition suivante donne l'équivalence entre le système (2.4) et le système (2.5).

Proposition 2.4. *Soit $A(z^o) = (a_{ij}(z^o))$ avec $a_{ij}(z^o) = B_j z^i - B_j z^o$. Si l'ensemble des solutions vérifiant le système (2.5) n'est pas vide alors z^o est une solution maximale selon Slater du problème (2.1).*

Démonstration. D'après la proposition 1.2, si le système (2.4) possède une solution non triviale $\lambda \neq 0$ alors z^o est une solution maximale selon Slater du problème (2.1).
D'après le théorème 1.2, z^o est aussi une solution maximale selon Slater du problème (2.1) lorsque λ est normalisé relativement à la norme $\|\cdot\|_1$ c'est à dire $e'\lambda = 1$. □

Pour résoudre le système (2.5), on le transforme en le programme linéaire suivant

$$\left.\begin{array}{r}\max e'\lambda \\ A(z^o)\lambda \leq 0 \\ e'\lambda \leq 1 \\ \lambda \geq 0 \end{array}\right\}. \qquad (2.6)$$

Le programme (2.6) admet une solution finie du fait que la maximisation se fait sur un polyèdre borné qui est l'intersection du cône de $I\!R_+^n$ $\{A(z^o)\lambda \leq 0, \lambda \geq 0\}$ d'origine 0 est du simplexe $\{e'\lambda \leq 1, \lambda \geq 0\}$.

La proposition suivante est un test pratique pour vérifier l'efficacité faible d'un point quelconque de Z dans le problème (2.1).

Proposition 2.5. *Si dans le programme (2.6) $\max e'\lambda \neq 0$, alors z^o est une solution maximale selon Slater du problème (2.1).*

Démonstration. Soit $\overline{\lambda}$ vérifiant $e'\overline{\lambda} = \max e'\lambda$ dans le programme (2.6), alors $\max e'\lambda \neq 0 \Leftrightarrow \overline{\lambda} \neq 0$ et $\overline{\lambda}$ vérifie

$$\left.\begin{array}{r} A(z^o)\overline{\lambda} \leq 0 \\ e'\overline{\lambda} \leq 1 \\ \overline{\lambda} \geq 0 \end{array}\right\}$$

donc vérifie également le système (2.4) c'est à dire

$$\left.\begin{array}{r} A(z^o)\overline{\lambda} \leq 0 \\ \overline{\lambda} \geq 0 \end{array}\right\}$$

Chapitre 2. Algorithme de résolution d'un problème linéaire multiobjectif

et d'après la proposition 1.2, z^o est une solution maximale selon Slater du problème (2.1). □

On note par $\overline{Z}$ l'ensemble des points de Z qui sont solutions maximales selon Slater du problème (2.1), alors on a l'algorithme suivant:

2.4.1 Algorithme

-Etape 1: Construire l'ensemble $\overline{X^s}$ des points extrêmes de X qui sont solutions maximales selon Slater du problème linéaire multiobjectif $< X, Cx >$.

-Etape 2: Construire l'ensemble $\overline{Y_s}$ des points extrêmes de Y qui sont solutions minimales selon Slater du problème linéaire multiobjectif $< Y, Dy >$.

-Etape 3: Construire l'ensemble $Z = \overline{X^s} \times \overline{Y_s} = \{z^i\}_{i=1}^k$.

-Etape 4: Construire l'ensemble $\overline{S_M} = \{\overline{z} \in Z \ / B\overline{z} \not< Bz, \forall z \in Z\}$.

Poser $\overline{S_M} = \{z^i\}_{i=1}^k$.

-Etape 5: Pour tout $z^o \in \overline{S_M}$ construire la matrice $A = (a_{ij})_{ij}$ avec

$$a_{ij} = B_j z^i - B_j z^o, \ i=1,...,k \ , \quad z^i \neq z^o \ , \quad j=1,...,n.$$
$$B_j z = C_j x + D_j y, \ j=1,...,n$$

-Étape 6: Résoudre le programme:

$$\left. \begin{array}{r} \max e'\lambda \\ A\lambda \leq 0 \\ e'\lambda \leq 1 \\ \lambda \geq 0 \end{array} \right\}$$

Si $\max e'\lambda \neq 0$ alors $z^o \in \overline{Z}$ sinon $z^o \notin \overline{Z}$.

$\overline{Z}$ est l'ensemble des points extrêmes de $X \times Y$ figurant dans l'ensemble $X^s \times Y_s$ et qui sont des solutions maximales selon Slater du problème (2.2). C'est aussi un sous ensemble des solutions S-$maxmin$ du problème (2.1).

Exemple 1. *Considérons le problème (2.1) avec:*

$X = \{x = (x_1, x_2) \in \mathbb{R}^2 \ : \ 0 \leq 2x_1 - 5x_2 \leq 3; \ 0 \leq x_1 + 3x_2 \leq 3; \ 4x_1 + x_2 \leq 7\}$.

$Y = \{y = (y_1, y_2) \in \mathbb{R}^2 \ :$
$6y_1 + 7y_2 \leq 7; \ 2y_1 + 4y_2 \geq 2; \ 6y_1 + 2y_2 \leq 2; \ 4y_1 + 3y_2 \geq 0; \ 0 \leq -2y_1 + y_2 \leq 3\}$.

$C = \begin{pmatrix} 2 & -5 \\ 1 & 3 \end{pmatrix}; \quad D = \begin{pmatrix} 4 & 5 \\ -2 & 1 \end{pmatrix}; \quad B = \begin{pmatrix} 2 & -5 & 4 & 3 \\ 1 & 3 & -2 & 1 \end{pmatrix}.$

Chapitre 2. Algorithme de résolution d'un problème linéaire multiobjectif

Les ensembles X^s et Y_s, solutions respectivement des problèmes linéaires multicritères $< X, Cx >$ et $< Y, Dy >$, sont représentés par des lignes grasses dans les figures 1 et 2.
Les points $x^1 = (\frac{15}{11}, \frac{6}{11})$, $x^2 = (\frac{18}{11}, \frac{5}{11})$, $x^3 = (\frac{19}{11}, \frac{1}{11})$, $x^4 = (\frac{9}{11}, \frac{-3}{11})$ de la figure 1 sont les points extrêmes de X maxima selon Slater du problème $< X, Cx >$.
Les points $y^1 = (\frac{-9}{10}, \frac{6}{5})$, $y^2 = (\frac{-3}{5}, \frac{4}{5})$, $y^3 = (\frac{1}{5}, \frac{2}{5})$ de la figure 2 sont les points extrêmes de Y minima selon Slater du problème $< Y, Dy >$.

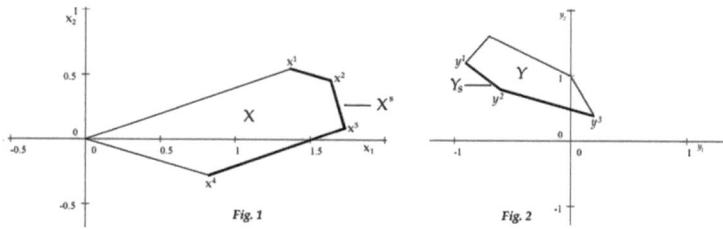

Fig. 1   Fig. 2

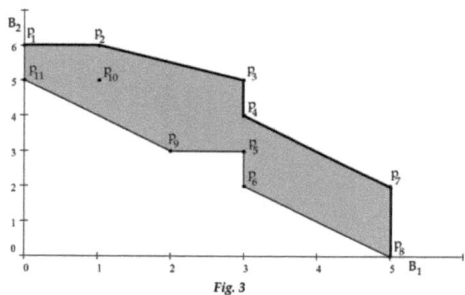

Fig. 3

Considérons le problème (2.3), avec $\overline{X^s} = \{x^1, x^2, x^3, x^4\}$ et $\overline{Y_s} = \{y^1, y^2, y^3\}$ et $Z = \overline{X^s} \times \overline{Y_s}$.

L'ensemble en gris de la figure 3 représente l'image de l'ensemble $X^s \times Y_s$ par les applications C et D. Les points non dominés de cet ensemble sont représentés par la ligne en gras. C'est l'ensemble des solutions maximales selon Slater du problème (2.2), ce qui correspond à l'ensemble des solutions S-maxmin du problème (2.1).

Chapitre 2. Algorithme de résolution d'un problème linéaire multiobjectif

Nous avons testé notre méthode sur l'exemple 1.1. L'étape 4 de l'algorithme élimine les couples (x^1, y^3) et (x^1, y^2) dont les images par l'application B sont représentées par les points p_9 et p_{11} dans l'espace des critères (voir figure 3). En effet, ces deux points sont dominés car $B(x^1, y^3)' < B(x^3, y^1)'$ et $B(x^1, y^2)' < B(x^2, y^1)'$.

Les couples (x^2, y^2), (x^2, y^3), (x^3, y^2), (x^4, y^1) et (x^4, y^2), dont les images sont représentées par les points p_4, p_5, p_6, p_{10} de la figure 3, sont éliminés à l'étape 6 de l'algorithme. En d'autres termes, le maximum de la fonction objectif $e'\lambda$ du programme linéaire correspondant est égal à 0. A titre illustratif, considérons le point $z^\circ = (x^2, y^3) = (\frac{18}{11}, \frac{5}{11}, \frac{1}{5}, \frac{2}{5})$, (la même procédure est appliquée aux 4 autres points) dont la matrice $A(z^\circ) = (a_{ij}(z^\circ))$, $i = 1,...,8$; $j = 1,2$, avec $a_{ij} = B_j z^i - B_j z^\circ$, est donnée par

$$A(z^\circ) = \begin{pmatrix} -3 & -2 & 0 & 0 & 0 & 2 & 2 & -2 \\ 3 & 3 & 2 & 1 & -1 & -1 & -3 & 2 \end{pmatrix}$$

La solution du programme linéaire

$$\left. \begin{array}{c} \max(\lambda_1 + \lambda_2) \\ A(z^\circ)\lambda \leq 0 \\ \lambda_1 + \lambda_2 \leq 1 \\ \lambda_1 \geq 0, \lambda_2 \geq 0 \end{array} \right\}$$

est $\lambda^\circ = (\lambda_1^\circ, \lambda_2^\circ) = (0,0)$, et donc $\max e'\lambda = 0$. Donc z° n'est pas efficace.

L'ensemble des solutions S-maxmin du problème (2.1) générées par l'algorithme est $\overline{Z} = \{(x^1, y^1), (x^2, y^1), (x^2, y^2)\}$
Les images de ces solutions dans l'espace des critères sont p_1, p_2, p_3, p_7, p_8 (voir figure 3). Par exemple, le teste du point $z^\circ = (x^3 \ y^1)$ nous mène à considérer le programme linéaire suivant:

$$\left. \begin{array}{c} \max(\lambda_1 + \lambda_2) \\ A(z^\circ)\lambda \leq 0 \\ \lambda_1 + \lambda_2 \leq 1 \\ \lambda_1 \geq 0, \lambda_2 \geq 0 \end{array} \right\}$$

avec $A(z^\circ) = \begin{pmatrix} -3 & -2 & 0 & 0 & 0 & 2 & 2 & -2 \\ 1 & 1 & -1 & -2 & -3 & -3 & -5 & 0 \end{pmatrix}$

La solution maximale de ce programme est $\lambda^\circ = (\lambda_1^\circ, \lambda_2^\circ) = (\frac{2}{3}, \frac{1}{3})$ avec $e'\lambda^\circ = 1$. donc z° est une solution efficace.

Chapitre 2. Algorithme de résolution d'un problème linéaire multiobjectif

Certains point de Z peuvent ne pas vérifier le système (2.5). Ces points sont appelés sans support (voir définition 1.5). Dans l'exemple, le point $z = (x^3, y^2)$ représenté par le point p_4 dans la figure 3 est une solution S-maxmin du problème (2.1), équivalent à une solution maximale selon Slater du problème (2.2). Néanmoins cette solution n'est pas généré par notre algorithme et donc ne vérifie pas le système (2.5). On dit alors que la solution (x^3, y^2) est sans support. En effet, en posant $z° = (x^3, y^2)$, le programme linéaire (2.6) correspondant avec
$$A(z°) = \begin{pmatrix} -3 & -2 & 0 & 0 & 0 & 2 & 2 & -2 \\ 2 & 2 & 1 & -1 & -2 & -2 & -4 & 1 \end{pmatrix},$$
possède comme solution maximale $\lambda° = (\lambda_1°, \lambda_2°) = (0,0)$ avec $e'\lambda° = 0$.

Le néant... ! Ce domaine encore inexploré et fatalement inexplorable même par la plus absolue des sciences.

Chapitre 3

Méthode adaptée pour un problème linéaire bi-critères de contrôle optimal

3.1 Introduction

Les problèmes d'optimisation avec contraintes présentent un intérêt en relation avec les applications pratiques intervenant en contrôle optimal. Certains problèmes comportent une formulation où plusieurs objectifs incompatibles doivent être pris en compte; ces problèmes sont particulièrement complexes pour une prise de décision. Il existe des classes de problèmes où les critères d'indices de performance sont exprimés sous forme linéaire pour l'évidente raison que l'on souhaite utiliser les logiciels de programmation linéaire. Les critères de performance les plus communément utilisés pour les systèmes de contrôle linéaire sont:

(i)- problème de minimisation de la consommation d'énergie

$$J_1 = \int_0^{t^*} u(t)dt,$$

(ii)- problème de minimisation de l'amplitude

$$J_2 = \max_{t \in T} u(t),$$

(iii)- problème de minimisation de la distance finale

$$J_3 = \|x(t^*) - x^*(t^*)\|_1,$$

Chapitre 3. Contrôle optimal bi-critères

$$J_4 = \|x(t^*) - x^*(t^*)\|_\infty$$

où $x^*(t^*)$ est une valeur souhaitée pour $x(t^*)$,
(iv)- problème de minimisation de l'intégrale de l'erreur de la valeur absolue

$$J_5 = \int_0^{t^*} \|x(t) - x^*(t)\|_1 dt$$

où $x^*(t)$ est un vecteur d'état donné,
Le symbole $\|.\|$ représente la norme de vecteur, c'est à dire que pour un vecteur $y = (y_1,...,y_n)$, celle-ci est définie par $\|y\|_1 = \sum_{i=1}^{n} |y_i|$, ou $\|y\|_\infty = \max_{1 \leq i \leq n} |y_i|$.

Le Goal Programming est une théorie très avancée dans le domaine des problèmes multiobjectif. L'idée générale de la méthode est d'établir un but à atteindre pour chaque critère. Généralement, la solution qui satisfait tous les buts (point idéal) n'est pas réalisable; on effectue un compromis, la solution retenue étant par conséquent celle qui se rapproche le plus possible de tous ces buts. Dans les problèmes multiobjectif à critères incompatibles, une solution de Pareto peut être obtenue en résolvant un problème à un seul critère, la fonction d'utilité étant construite en combinant tous les objectifs avec des pondérations appropriées. Une telle approche mène à un autre problème dont la solution obtenue peut être considérée comme plus ou moins acceptable par rapport au problème original. En effet, en l'absence d'information, le choix des poids constitue en lui-même un problème qui est à la charge du décideur.

Dans ce chapitre, on examinera la façon de convertir un problème linéaire multiobjectif de contrôle optimal en un problème à un seul critère obtenu par scalarisation et par la méthode de Goal Programming. Les coefficients de pondération seront considérés comme des variables dans le problème d'optimisation. Ce qui nous ramène à un problème à deux blocs de variables. Ce problème pourrait être résolu par des algorithmes itératifs de relaxation par blocs. La méthode adapté du simplexe a été utilisée pour résoudre un problème linéaire de contrôle optimal. On présentera dans la partie 3.7, l'application de cet algorithme dans le cas bi-critères. Au préalable, un concept d'optimalité a été établi.

Chapitre 3. Contrôle optimal bi-critères

3.2 Position du problème

On considère le problème de contrôle optimal multiobjectif d'un système linéaire avec une commande bornée (signal d'entrée) et avec contraintes terminales dans la classe des fonctions intégrables $u(.) = (u(t), t \in T = [0, t_1])$:

$$\max_u J(u) = \max_u C\ x(t_1) = \max_u (c'_k\ x(t_1), k = 1,...,r) \qquad (3.1)$$

$$\dot{x} = Ax + bu, \quad x(0) = x_0 \qquad (3.2)$$

$$Hx(t_1) = g, \quad d_* \leq u(t) \leq d^*, t \in T = [0, t_1] \qquad (3.3)$$

où $C = (c'_k, k = 1,...,r)$ est la $r \times n$ matrice des critères de qualité ; c_k, $k = 1,...,r$, est le $n-$vecteur des coûts du $k^{\text{ème}}$ critère de qualité; $x(t) \in \mathbb{R}^n$ est la position du système au temps t; A est une $n \times n$ matrice caractérisant le système dynamique ; b est un $n-$vecteur donné ; H est une $m \times n$ matrice de rang $m \leq n$; g est un $m-$vecteur représentant le signal de sortie au temps t_1 ; $u(t)$ est une commande scalaire du système bornée par d_* et $d^* \in \mathbb{R}$; le symbole ' dénote la transposition matricielle.

Le système (3.2) est commandable si et seulement si le rang de la $(n \times n)$ matrice

$$[b, Ab, A^2b, ..., A^{n-1}b]$$

est égale à n et la matrice A est stable (toutes les valeurs propres de A sont de parties réelles négatives ou nulles).
En utilisant la formule de Cauchy, la solution du système (3.2) s'écrit sous la forme

$$x(t) = F(t)[x_0 + \int_T F^{-1}(\tau)bu(\tau)d\tau], \qquad (3.4)$$

où $F(t) = e^{At}$, $t \in [0, t_1]$ est une $n \times n$ matrice carrée définie par les relations $\dot{F}(t) = AF(t)$, $F(0) = I_n$ (I_n est la matrice identité d'ordre n).
En substituant cette solution aux équations (3.1) et (3.3), on obtient une formulation équivalente du problème avec la seule variable $u(t)$:

$$\max_u J(u) = \max_u (CF(t^*)x_0 + \int_T C(t)u(t)dt) \qquad (3.5)$$

$$\int_T \phi(t)u(t)dt = \bar{g} \qquad (3.6)$$

$$d_* \leq u(t) \leq d^*, \, t \in T \qquad (3.7)$$

où, pour $t \in T$

$$\bar{g} = g - HF(t_1)x_0$$
$$p(t) = F(t_1)F^{-1}(t)b$$
$$C(t) = Cp(t)$$
$$\phi(t) = HF(t_1)F^{-1}(t)b.$$

Définition 3.1. La fonction continue $u(t)$, $t \in T$ est admissible si elle vérifie les contraintes (3.3) à chaque $t \in T$, et s'il existe une trajectoire $x(t)$, $t \in T$ vérifiant la dynamique (3.2) et la contrainte sur l'état final (3.3).

Le problème consiste à trouver une commande admissible u^0 correspondant à la trajectoire optimale $x^0(t)$ qui maximise critère de qualité $J(u)$.

3.3 Concept d'optimalité

En tenant compte du conflit existant entre les critères, le concept d'optimalité, décrit dans le paragraphe suivant, s'avère être le point fondamental des problèmes multiobjectif.

Définition 3.2. Une commande admissible $u^0 = u^0(t)$ est dite efficace (ou pareto optimale) du problème (3.1) − (3.3), s'il n'existe pas de commande admissible $u = u(t)$ vérifiant $J_k(u) \geq J_k(u^0)$ pour tout $k = 1,...,r$ et $J_{k'}(u) > J_{k'}(u^0)$ pour au moins un critère $J_{k'}$.

En d'autres termes $\forall u$ commande admissible, on a $J(u) \not\geq J(u^0)$.

Définition 3.3. une commande admissible $u^0 = u^0(t)$ est dite faiblement efficace (ou optimale selon Slater) du problème (3.1) − (3.3) s'il n'existe pas de commande admissible $u = u(t)$ vérifiant $J_k(u) \geq J_k(u^0)$, pour tout k avec une inégalité stricte pour au moins un indice k.

Cela signifie que d'une situation faiblement efficace, il n'est pas possible d'améliorer un critère J_k sans nécessairement faire décroître au moins un autre critère, tout en restant sur l'ensemble des commandes admissibles.

Définition 3.4. Soit $u^\varepsilon = u^\varepsilon(t)$ une commande admissible. Si pour la commande admissible faiblement efficace $u^0 = u^0(t)$ il existe $k \in \{1,...,r\}$ tel que $J_k(u^0) - J_k(u^\varepsilon) \leq \varepsilon_k$ alors u^ε est $\varepsilon-$

Chapitre 3. Contrôle optimal bi-critères

optimale pour le critère J_k.
u^ε est appelée $\varepsilon-$ efficace pour le problème (3.1) − (3.3) si
$$J_k(u^0) - J_k(u^\varepsilon) \leq \varepsilon_k, \ \forall k = 1,...,r,$$

ε est un vecteur réel positif arbitraire de dimension r.

Il n'est pas facile de déterminer une solution faiblement efficace en se basant sur sa définition mathématiques. C'est pourquoi, il est utile de trouver une définition adéquate de l'optimalité qui soit rigoureuse et compréhensible par le décideur et tel que le cas unicritère serait un cas particulier. Ces méthodes doivent être constructives, simples et réalisables.

3.4 Scalarisation et Goal Programming

La méthode du Goal Programming est utilisée pour déterminer une solution efficace d'un problème multiobjectif. Son principe est de transformer la fonctionnelle vectorielle $J(u)$ en une fonction scalaire à minimiser $K(u) = \|J^0 - J(u)\|$ en relation avec une norme donnée $\|.\|$ de $I\!\!R^r$, avec $J^0 = (J_k(u_k), k = 1,...,r)$ ou $J_k(u_k), k = 1...,r$ sont solutions des r problèmes :

$$\max_u J_k(u), \ k = 1,...,r,$$

sous les contraintes (3.6) et (3.7).

$J_k(u_k)$ est un maximum (partiel) correspondant à une commande optimale $u_k(t)$.
J^0 est appelé vecteur des maxima partiels, aussi appelé point idéal.

Soit $\xi_k(u) = J_k(u_k) - J_k(u), \ k = 1,...,r$ pour une commande admissible arbitraire $u(t)$. Alors $\xi_k(u) \geq 0$, car $J_k(u) \leq J_k(u_k), \forall k = 1,...,r$.

$\xi_k(u)$ représentent le regret d'avoir choisi la commande u au détriment de u_k pour le critère k. C'est une valeur de déviation en relation avec le maximum partiel $J_k(u_k)$. Il est évident que le but est de minimiser les regrets et de rendre les valeurs de déviations $\xi_k(u), k = 1,...,r$ aussi petites que possible.

On pose $\xi = J^0 - J(u)$ le vecteur des regrets (déviations). Si $\xi \neq 0$, c'est-à-dire qu'il existe $\xi_k > 0$ (on peut aussi écrire $\sum_{k=1}^{r} \xi_k > 0$), alors deux cas sont à étudier:

Chapitre 3. Contrôle optimal bi-critères

1- les déviations $\xi(u)$ sont améliorables dans le cas d'une commande admissible $\overline{u}(t) = u(t) + \Delta u(t)$ vérifiant $\xi_k(\overline{u}) \leq \xi_k(u)$, $\forall k = 1,...,r$ avec au moins une inégalité stricte. Ce qui est équivalent à écrire $\xi(u + \Delta u) \leq \xi(u)$.

2- Les déviations sont non améliorables dans le sens où $\Delta u(t)$ n'existe pas. Dans ce cas, la commande u est dite efficace.

On a $K(u) = \|\xi\|$. Pour la norme uniforme $\|.\|_\infty$, on obtient le problème linéaire

$$\min_u K(u) = \min_u \max_{0 \leq k \leq r} \xi_k(u)$$

discuté dans [51] sous les contraintes (3.6) et (3.7).

En utilisant la norme $\|.\|_1$, on obtient également un problème linéaire

$$\min_u K(u) = \min_u \sum_{k=1}^r (J_k(u_k) - J_k(u)) = \min_u \sum_{k=1}^r \xi_k(u).$$

Notons que $K(u)$ considère chaque $\xi_k(u)$ comme ayant la même importance dans l'expression du regret. Dans les problèmes multiobjectif, si les critères ont des niveaux d'importances assez différents, alors un vecteur

$$\lambda \in \Lambda = \{\lambda \in \mathbb{R}^r, \lambda_k \geq 0, k = 1 ...,r\}$$

peut être choisi pour représenter une pondération et estimer les priorités entre les critères. On définit alors la fonction L sur deux ensembles de variables

$$L(\lambda,u) = \sum_{k=1}^r \lambda_k \xi_k(u) = \lambda'.\xi(u),$$

ce qui nous ramène à un problème de scalarisation qui dérive d'une théorie largement avancée dans le domaine d'étude des problèmes multicritères dont un résultat fondamental est le suivant [13]:

Théorème 3.1. *S'il existe $\lambda \in \Lambda$ pour lequel $\lambda_k \neq 0$, pour au moins un $k = 1,...,r$ tel que*

$$L(\lambda,u^0) = \min_u L(\lambda,u),$$

alors u^0 est faiblement efficace pour le problème (3.1)-(3.3). Cette condition est suffisante pour un problème linéaire.

Chapitre 3. Contrôle optimal bi-critères

Sans perte de généralité, on peut assumer que le vecteur λ est normalisé relativement à la norme $\|.\|_1$ c'est à dire $\sum_{k=1}^{r} \lambda_k = 1$. La fonction $L(\lambda,u)$ est par conséquent une combinaison convexe des déviations $\xi_k(u)$.

L'importance relative des critères est évidemment une information cruciale. Certaines méthodes traduisent cette relative importance par des scalaires dont l'interprétation n'est pas toujours immédiate. Dans le cas où cette information est impossible, on considère les coefficients λ_k comme des variables à optimiser selon l'expression

$$\min_{\lambda,u} L(\lambda,u), \qquad (3.8)$$

sous les contraintes (3.6) et (3.7) et sous les conditions

$$\sum_{k=1}^{r} \lambda_k = 1, \qquad (3.9)$$

$$0 \leq \lambda_k \leq 1, \quad k = 1,...,r. \qquad (3.10)$$

Il est souvent utile de séparer les variables, sur lesquelles on minimise, en deux blocs de variables

$$\min_{\lambda} \min_{u} L(\lambda, u).$$

Les algorithmes de relaxation par blocs peuvent se définir schématiquement de l'une ou de l'autre façon suivante:

Méthode des approximations successives ou méthode de Jacobi

$$\lambda^{(n+1)} = arg \min_{\lambda} L(\lambda, u^{(n)}),$$

$$u^{(n+1)} = arg \min_{u} L(\lambda^{(n)}, u).$$

Méthode de Gauss-Seidel

$$\lambda^{(n+1)} = arg \min_{\lambda} L(\lambda, u^{(n)}),$$

$$u^{(n+1)} = arg \min_{u} L(\lambda^{(n+1)}, u).$$

où au niveau du calcul de $u^{(n+1)}$ on prend en compte la dernière composante $\lambda^{(n+1)}$ relaxée, contrairement à la méthode de Jacobi correspondant à la méthode des approximation successives.

La relaxation par bloc dans ce cas est intéressante parce que les sous-problèmes engendrés sont souvent plus faciles à résoudre que le problème original; cela peut se produire à cause de la structure de l'ensemble des contraintes, mais aussi à cause de la spécificité et de la forme de la fonctionnelle.

3.5 La méthode adapté

Pour les méthodes de résolution par bloc, on considère le problème minimisation par rapport à la variable u

$$\min_u L(\lambda, u) \qquad (3.11)$$

sous les contraintes (3.6)-(3.7), où la variable λ est fixée. L'application de l'algorithme de relaxation en bloc pour résoudre le problème (3.11), s'applique conformément à ce qui vient d'être expliqué. On décrit dans cette partie cette méthode en prenant en compte la construction de la fonctionnelle L.

3.5.1 Support-contrôle

On définit la notion de support pour le problème (3.11) sous les contraintes (3.6)-(3.7) en choisissant des points isolés de l'intervalle de temps $\tau_i \in T$, $i = 1,...,m$ appelés moments du support. L'ensemble $\tau_B = \{\tau_i,\ i = 1,...,m\}$ est dit support si la matrice correspondante $\phi_B = (\int_{T_i} \phi(t)dt,\ i = 1,...,m)$ est inversible. On définit l'ensemble suivant

$$T_B = \{T_i = [\underline{\tau_i}, \overline{\tau_i}] \subset T,\ [\underline{\tau_i}, \overline{\tau_i}] \cap [\underline{\tau_j}, \overline{\tau_j}] = \emptyset,\ i \neq j,\ i,j = 1,...,m\}$$

et $T_i = [\underline{\tau_i}, \overline{\tau_i}]$ avec $\tau_i = \overline{\tau_i}$ ou $\underline{\tau_i}$.

Le couple $\{u, \tau_B\}$ formé par une commande admissible u et un support τ_B est appelé support-contrôle du problème. La fonction continue $u(t)$ sera discrétisée et prendra des valeurs constantes sur chaque intervalle T_i c'est-à-dire

$$u(t) = u_i,\ t \in T_i, \qquad d_* \leq u_i \leq d^*,\ i = 1,...,m$$

et

Chapitre 3. Contrôle optimal bi-critères

$$\phi_B = (\int_{T_i} \phi(t)dt, \ i = 1,...,m)$$

est inversible.

Comme u est admissible alors

$$\int_T \phi(t)u(t)dt = \overline{g},$$

et en utilisant le support, on obtient

$$\int_{T_B} \phi(t)u(t)dt = \overline{g} - \int_{T_H} \phi(t)u(t)dt$$

avec $T_B = \{T_i, \ i = 1,...,m\}$ et $T_H = T - T_B$.

Comme $u(t)$ est constante par intervalle, on obtient :

$$u(T_B) = (u_1,...,u_m) = \phi^{-1}(T_B)(\overline{g} - \int_{T_H} \phi(t)u(t)dt).$$

3.5.2 Accroissement de la fonctionnelle

Soit $\{u,\tau_B\}$ un support-contrôle de départ et $x(t)$ la trajectoire correspondante. Pour $k = 1,...,r$, on construit les fonctions

$$\Delta_k(t) = c'_k(p(t), \ t \in \tau_B)\phi_B^{-1}\phi(t) - c'_k p(t), \ t \in T.$$

Soit $\overline{u}(t) = u(t) + \Delta u(t)$ une autre commande admissible et $\overline{x}(t) = x(t) + \Delta x(t), \ t \in T$ la trajectoire correspondante. L'accroissement de la fonctionnelle

$$L(\lambda,u) = \sum_{k=1}^r (\lambda_k J_k(u_k) - \lambda_k c'_k x(t_1))$$

est donné par

$$\Delta L(\lambda,u) = L(\lambda,u) - J(\lambda,\overline{u})$$
$$= \sum_{k=1}^r (\lambda_k J_k(u_k) - \lambda_k c'_k x(t_1)) - \sum_{k=1}^r (\lambda_k J_k(u_k) - \lambda_k c'_k \overline{x}(t_1))$$

Chapitre 3. Contrôle optimal bi-critères

$$= \sum_{k=1}^{r} \lambda_k c'_k \Delta x(t_1).$$

En utilisant (3.4), on obtient

$$\Delta L(\lambda,u) = \sum_{k=1}^{r} \int_T \lambda_k c'_k p(t) \Delta u(t) dt.$$

En utilisant les fonctions $\Delta_k(t)$, on obtient

$$\sum_{k=1}^{r} \int_T \lambda_k \Delta_k(t) \Delta u(t) dt = \sum_{k=1}^{r} \lambda_k c'_k (p(t),\ t \in \tau_B) \phi_B^{-1} \int_T \phi(t) \Delta u(t) dt - \sum_{k=1}^{r} \lambda_k c'_k \int_T p(t) \Delta u(t) dt.$$

A partir de (3.6) on déduit $\int_T \phi(t) \Delta u(t) dt = 0$. A partir de (3.4) on tire $\Delta x(t_1) = \int_T p(t) \Delta u(t) dt$, alors

$$\sum_{k=1}^{r} \lambda_k c'_k \Delta x(t_1) = -\sum_{k=1}^{r} \int_T \lambda_k \Delta_k(t) \Delta u(t) dt.$$

En posant $\Delta(t) = \sum_{k=1}^{r} \lambda_k \Delta_k(t)$, on obtient :

$$\Delta L(\lambda,u) = -\int_T \Delta(t) \Delta u(t) dt.$$

3.5.3 Estimation De la valeur de suboptimalité

On définit les ensembles suivants :
$$T^+ = \{t \in T,\ \Delta(t) > 0\},$$
$$T^- = \{t \in T,\ \Delta(t) < 0\}.$$

De l'admissibilité de la nouvelle commande $\bar{u}(t)$, on déduit :

$$d_* - u(t) \leq \Delta u(t) \leq d^* - u(t).$$

L'accroissement maximal de la fonctionnelle $\Delta L(\lambda,u)$ est atteint pour:

$$\begin{cases} \Delta u(t) = d_* - u(t), & \text{si} \quad t \in T^+ \\ \Delta u(t) = d^* - u(t), & \text{si} \quad t \in T^- \\ d_* - u(t) \leq \Delta u(t) \leq d^* - u(t), & \text{si} \quad \Delta(t) = 0 \end{cases}$$

et égal à

$$\beta(u,\tau_B) = \int_{T^+} \Delta(t)(u(t) - d_*) dt + \int_{T^-} \Delta(t)(u(t) - d^*) dt.$$

$\beta(u,\tau_B)$ est appelée valeur de suboptimalité du support-contrôle $\{u,\tau_B\}$.

Chapitre 3. Contrôle optimal bi-critères

3.5.4 Critère d'optimalité

Les relations:
$$\begin{cases} u(t) = d_*, & \text{si} \quad \Delta(t) > 0 \\ u(t) = d^*, & \text{si} \quad \Delta(t) < 0 \\ d_* \leq u(t) \leq d^* & \text{si} \quad \Delta(t) = 0, \, t \in T \end{cases}$$
sont suffisantes pour l'optimalité du support-contrôle $\{u, \tau_B\}$.

3.5.5 Principe ε− Optimalité

Soit $u^o = u^o(t)$, $t \in T$, une commande optimale du problème (3.8) sous les contraintes (3.6)-(3.7) et $u^\varepsilon = u^\varepsilon(t)$, $t \in T$, une commande admissible où $\varepsilon \geq 0$ est une valeur donnée.
Définition 3.5. Si $L(\lambda, u^o) - L(\lambda, u^\varepsilon) \leq \varepsilon$ alors u^ε est dite $\varepsilon-$ optimale.

On a $\Delta L(\lambda, u) = L(\lambda, u^o) - L(\lambda, u^\varepsilon) \leq \beta(u^\varepsilon, \tau_B)$, si $\varepsilon = 0$ alors le principe $\varepsilon-$ optimalité devient le principe d'optimalité.

3.6 Critère d'optimalité d'un problème terminal bi-critères de contrôle optimal

Un problème terminal de contrôle optimal d'un système dynamique linéaire avec une commande bornée à été résolu par une méthode algorithmique très élaborée [43]. Il est question dans cette partie de formuler préalablement le problème terminal bi-critères de contrôle optimal, de définir un concept d'optimalité et de centrer l'étude sur l'application de la méthode adapté du simplexe.

On considère le problème terminal bi-critères de commande optimale (3.1) − (3.3) avec $r = 2$, qui est équivalent au problème (3.5) − (3.7).

Soit $\{u, \tau_B\}$ un support-contrôle de départ et les co-commandes $\Delta_k(t) = y'_k \phi(t) - c_k(t)$, $k = 1, 2$. Soit $\overline{u}(t) = u(t) + \Delta u(t)$ une autre commande admissible et $\overline{x}(t) = x(t) + \Delta x(t)$, $t \in T$ la trajectoire correspondante. L'accroissement de chaque fonctionnelle J_k, $k = 1, 2$ s'écrit:

$$\Delta J_k(u) = -\int_T \Delta_k(t) \Delta u(t) dt.$$

3.6.1 Calcul de la valeur de suboptimalité

On construit les ensembles suivants :
$$T^+ = \{t \in T,\ \Delta_1(t) > 0 \text{ et } \Delta_2(t) > 0\},$$
$$T^- = \{t \in T,\ \Delta_1(t) < 0 \text{ et } \Delta_2(t) < 0\},$$
$$T^{+-} = \{t \in T,\ \Delta_1(t) > 0 \text{ et } \Delta_2(t) < 0\},$$
$$T^{-+} = \{t \in T,\ \Delta_1(t) < 0 \text{ et } \Delta_2(t) > 0\}.$$

De l'admissibilité de la nouvelle commande $\overline{u}(t)$, on déduit :
$$d_* - u(t) \leq \Delta u(t) \leq d^* - u(t).$$

Le maximum de la fonctionnelle $\Delta J(u)$, sous les contraintes précédentes, est atteint pour :
$$\begin{cases} \Delta u(t) = d_* - u(t), & \text{si } t \in T^+ \\ \Delta u(t) = d^* - u(t), & \text{si } t \in T^- \\ \Delta u(t) = d_1 - u(t), & \text{si } t \in T^{+-} \\ \Delta u(t) = d_2 - u(t), & \text{si } t \in T^{-+} \\ d_* - u(t) \leq \Delta u(t) \leq d^* - u(t), & \text{si } \Delta_1(t)\Delta_2(t) = 0, \end{cases}$$

où $\{d_1 = d_*,\ d_2 = d^*\}$ si
$$\int_{T^{+-}} \Delta_1(t)(u(t) - d_*)dt + \int_{T^{-+}} \Delta_1(t)(u(t) - d^*)dt \geq$$
$$\int_{T^{+-}} \Delta_2(t)(u(t) - d^*)dt + \int_{T^{-+}} \Delta_2(t)(u(t) - d_*)dt,$$

ou bien $\{d_1 = d^*,\ d_2 = d_*\}$ si
$$\int_{T^{+-}} \Delta_1(t)(u(t) - d_*)dt + \int_{T^{-+}} \Delta_1(t)(u(t) - d^*)dt <$$
$$\int_{T^{+-}} \Delta_2(t)(u(t) - d^*)dt + \int_{T^{-+}} \Delta_2(t)(u(t) - d_*)dt.$$

Pour $k = 1,2$ désignons par :

$$\beta_k(u,\tau_B) = \int_{T^+} \Delta_k(t)(u(t) - d_*)dt + \int_{T^-} \Delta_k(t)(u(t) - d^*)dt +$$
$$\int_{T^{+-}} \Delta_k(t)(u(t) - d_1)dt + \int_{T^{-+}} \Delta_k(t)(u(t) - d_2)dt,$$

qui est appelée valeur de suboptimalité du support-contrôle $\{u,\tau_B\}$ pour le critère J_k, c'est-à-dire :
$$J_k(\overline{u}) - J_k(u) \leq \beta_k(u,\tau_B),\ \forall k = 1,2.$$

Chapitre 3. Contrôle optimal bi-critères

Théorème 3.2. Posons $\beta(u,\tau_B) = (\beta_1(u,\tau_B), \beta_2(u,\tau_B))$, alors pour toute commande admissible $\overline{u}$, on a:
$$\Delta J(u) = J(\overline{u}) - J(u) \not> \beta(u,\tau_B).$$

Démonstration. On raisonne par l'absurde; supposons qu'il existe une commande admissible $\widetilde{u}(t) = u(t) + \Delta u(t)$ vérifiant
$$\Delta J(u) = J(\widetilde{u}) - J(u) > \beta(u,\tau_B).$$
Comme $\Delta J(u) = (-\int_T \Delta_1(t)\Delta u(t)dt, -\int_T \Delta_2(t)\Delta u(t)dt)$ alors on aura les deux inégalités suivantes:
$$\begin{cases} \int_T \Delta_1(t)(u(t) - \widetilde{u}(t))dt > \beta_1(u,\tau_B) \\ \int_T \Delta_2(t)(u(t) - \widetilde{u}(t))dt > \beta_2(u,\tau_B) \end{cases}$$
Supposons que $\{d_1 = d_*, d_2 = d^*\}$ (le cas $\{d_1 = d^*, d_2 = d_*\}$ reste analogue pour la démons-tration), alors
$$\int_T \Delta_1(t)(u(t) - \widetilde{u}(t))dt > \beta_1(u,\tau_B)$$
est impossible du fait que
$$\beta_1(u,\tau_B) = \int_{T^+} \Delta_1(t)(u(t) - d_*)dt + \int_{T^-} \Delta_1(t)(u(t) - d^*)dt +$$
$$\int_{T^{+-}} \Delta_1(t)(u(t) - d_*)dt + \int_{T^{-+}} \Delta_1(t)(u(t) - d^*)dt$$
soit une valeur maximale. $\square$

3.6.2 Critère d'optimalité

Théorème 3.3. Les relations:
$$\begin{cases} \Delta_1(t) > 0, \Delta_2(t) \neq 0 & si \quad u(t) = d_* \\ \Delta_1(t) < 0, \Delta_2(t) \neq 0 & si \quad u(t) = d^* \quad lorsque \{d_1 = d_*, d_2 = d^*,\} \\ \Delta_1(t).\Delta_2(t) = 0 & si \quad d_* \leq u(t) \leq d^*, t \in T \end{cases}$$

ou bien
$$\begin{cases} \Delta_2(t) > 0, \Delta_1(t) \neq 0 & si \quad u(t) = d_* \\ \Delta_2(t) < 0, \Delta_1(t) \neq 0 & si \quad u(t) = d^* \quad lorsque \{d_1 = d^*, d_2 = d_*,\} \\ \Delta_1(t).\Delta_2(t) = 0 & si \quad d_* \leq u(t) \leq d^*, t \in T \end{cases}$$

sont suffisantes pour l'efficacité du support-contrôle $\{u,\tau_B\}$.

Chapitre 3. Contrôle optimal bi-critères

Démonstration. Si l'une des relations précédentes est vérifiée alors $\exists k \in \{1,2\}$ tel que $\beta_k(u,\tau_B) = 0$. Comme pour tout $\overline{u}$, $J(\overline{u}) - J(u) \not> \beta(u,\tau_B)$ (c'est à dire $J(\overline{u}) - J(u) > \beta(u,\tau_B)$ est impossible) alors soit $J_1(\overline{u}) - J_1(u) \leq \beta_1(u,\tau_B)$ ou bien $J_2(\overline{u}) - J_2(u) \leq \beta_2(u,\tau_B)$. On conclut donc que $\{u,\tau_B\}$ est un support-contrôle efficace. □

3.6.3 Critère d'ε-optimalité

Soit $u^o = u^o(t)$, $t \in T$, une commande efficace du problème (3.1) − (3.3) et $u^\varepsilon = u^\varepsilon(t)$, $t \in T$, une commande admissible où $\varepsilon = (\varepsilon_1, \varepsilon_2) \geqq 0$ est donné.
Si $J_k(u^o) - J_k(u^\varepsilon) \leq \varepsilon_k$ alors u^ε est dite ε-optimale pour le critère J_k, $k = 1,2$.
Si $J(u^o) - J(u^\varepsilon) \leqq \varepsilon$ alors u^ε est dite ε-efficace pour le problème (3.1)-(3.3).

Remarque 3.1. Concernant le critère de ε-optimalité on: $\Delta J(u) = J(u^o) - J(u^\varepsilon) \leqq \beta(u^\varepsilon,\tau_B)$. Si $\beta(u^\varepsilon,\tau_B) \leqq \varepsilon$ alors u^ε est dite ε−efficace. Si $\varepsilon = 0$ alors le principe d'ε−efficace devient le principe d'efficacité.

3.6.4 Algorithme de la méthode adaptée

1. Déterminer un support-contrôle de départ (u,τ_B).
2. Calculer la valeur du vecteur de suboptimalité $\beta(u,\tau_B) = (\beta_1(u,\tau_B), \beta_2(u,\tau_B))$.
   procédure TEST (u,τ_B).
3. Changement de support-contrôle $(u,\tau_B) \longrightarrow (\overline{u},\overline{\tau}_B)$.
   3.1. Procédure CDC (changement de commande) $(u,\tau_B) \longrightarrow (\overline{u},\tau_B)$.
       procédure TEST $(\overline{u},\tau_B)$.
   3.2. Procédure CDS (changement de support) $(\overline{u},\tau_B) \longrightarrow (\overline{u},\overline{\tau}_B)$.
       procédure TEST $(\overline{u},\overline{\tau}_B)$.
   3.3. Procédure finale

Procédure TEST (u,τ_B).

Si $\exists k \in \{1,2\}$ tel que $\beta_k(u,\tau_B) = 0 \rightarrow$ stop; (u,τ_B) est un support-contrôle efficace.

Si $\beta(u,\tau_B) \leqq \varepsilon \longrightarrow$ stop; (u,τ_B) est un support-contrôle ε−efficace.

Procédure CDC

Chapitre 3. Contrôle optimal bi-critères

On pose $\overline{u}(t) = u(t) + \theta \Delta u(t) = u(t) + l(t)$, $t \in T$, une autre commande où $\Delta u(t)$ est une direction et θ est le pas maximal le long de cette direction. $\Delta u(t)$ et θ seront cherchés comme solutions du problème suivant:

$$\begin{cases} \max - \int_T \Delta(t) l(t) dt \\ \int_T \phi(t) l(t) dt = 0 \\ d_* - u(t) \leq l(t) \leq d^* - u(t),\ t \in T, \end{cases} \quad (3.12)$$

avec $\Delta(t) = \Delta_1(t)$ si $d_1 = d_*$, $d_2 = d^*$, ou bien $\Delta(t) = \Delta_2(t)$ si $d_1 = d^*$, $d_2 = d_*$.

Choisissons les paramètres $\alpha > 0$, $h > 0$ (paramètres de la méthode) et construisons les ensembles: $T_0 = \{t \in T : |\Delta(t)| < \alpha\}$, $T_\alpha = T - T_0$.

On partitionne l'ensemble T_0 en intervalles $T_0 = \bigcup_{j=1}^{N} T_j$, avec

$$T_j = [\underline{\tau}_j, \overline{\tau}_j[,\ T_i \cap T_j = \emptyset,\ \forall i \neq j,\ \overline{\tau}_j - \underline{\tau}_j \leq h.$$

Ici $\tau_B \subset T_0$.

Le problème (3.12) est équivalent au problème de programmation linéaire suivant:

$$\begin{cases} \max_{l} \sum_{j=1}^{N+1} a_j l_j \\ \sum_{j=1}^{N+1} b_j l_j = 0 \\ d_{*j} \leq l_j \leq d_j^*,\ j = 1,...,N+1, \end{cases} \quad (3.13)$$

où

$$l_j = \begin{cases} \theta \Delta u(t),\ t \in T_j,\ j = 1,...,N \\ \theta \quad \text{pour} \quad j = N+1 \end{cases}$$

$$a_j = \begin{cases} -\int_{T_j} \Delta(t) dt, & j = 1,...,N \\ -\int_{T_\alpha} \Delta(t) \Delta u(t) dt, & j = N+1 \end{cases}$$

Chapitre 3. Contrôle optimal bi-critères

$$b_j = \begin{cases} \int_{T_j} \phi(t)dt, & j = 1,\ldots N \\ \int_{T_\alpha} \phi(t)\Delta u(t)dt, & j = N+1 \end{cases}$$

$d_{*j} = d_* - u_j$, $d_j^* = d^* - u_j$, $j = 1,\ldots,N$, $0 \leq \theta \leq 1$, $d_{*N+1} = 0$, $d_{N+1}^* = 1$.
$u(t) = u_j = $ constante, $t \in T_j$, $j = 1,\ldots,N$,

$$\Delta u(t) = \begin{cases} d^* - u(t) & \text{si} \quad \Delta(t) \leq -\alpha \\ d_* - u(t) & \text{si} \quad \Delta(t) \geq \alpha \end{cases} \quad t \in T_\alpha.$$

En posant $S = \{1,\ldots,N+1\}$, on résout le problème (3.13) en utilisant la solution admissible de départ $(l = 0; \; S_B)$, $S_B = \{j \in S : \tau_j \in \tau_B\}$.

Soit $\bar{l} = (\bar{l}_j, \overline{S}_B)$, $j = 1,\ldots,N-1$, la solution du problème (3.13), alors la nouvelle commande s'écrit

$$\overline{u}(t) = \begin{cases} u(t) + \bar{l}_j, \; t \in T_j, \; j = 1,\ldots,N \\ u(t) + \bar{l}_{N+1}\Delta u(t), \; t \in T_x. \end{cases}$$

on pose alors $\tau_B = \{\tau_j, \; j \in \widetilde{S}_B\}$ avec $\widetilde{S}_B = \overline{S}_B$ si $(N+1) \notin \overline{S}_B$, si l'indice supplémentaire $N+1 \in \overline{S}_B$, alors on l'exclut du support et l'on pose :

$$\widetilde{S}_B = (\overline{S}_B - \{N+1\}) \cup \{j_*\},$$

où j_* est l'indice vérifiant $\sigma_{j_*} = \min \sigma_j$, $j \in S - \overline{S}_B$ avec

$$\sigma_j = \begin{cases} \frac{-\Delta_j}{\delta_j} & \text{si} \quad \delta_j \Delta_j \leq 0, \; \delta_j \neq 0 \\ \infty & \text{sinon} \end{cases}$$

$$\delta_j = \begin{cases} 0 & \text{si} \quad j \in \overline{S}_B - \{N+1\} \\ 1 & \text{si} \quad \overline{u}(t) = d_* \\ -1 & \text{si} \quad \overline{u}(t) = d^*, \; j = N+1 \end{cases}$$

$\Delta_j = (a_j, \; j \in \overline{S}_B)' Q^{-1}(\overline{S}_B) b_j - a_j$, où $Q(\overline{S}_B) = (b_j, \; j \in \overline{S}_B)$

$$\hat{\delta}_j = \delta'(\overline{S}_B) Q^{-1}(\overline{S}_B) b_j, \; j \in S - \overline{S}_B.$$

Chapitre 3. Contrôle optimal bi-critères

Procédure CDS

En utilisant le support τ_B on construit la quasi-commande $w = (w(t),\ t \in T)$ vérifiant :

$$\begin{cases} w(t) = d^* & \text{si} \quad \Delta(t) < 0 \\ w(t) = d_* & \text{si} \quad \Delta(t) > 0 \\ d_* \leq w(t) \leq d^* & \text{si} \quad \Delta(t) = 0,\ t \in T, \end{cases}$$

et $\chi(t),\ t \in T$ sa trajectoire correspondante, solution de l'équation:

$$\dot{\chi} = A\chi + bw,\ \chi(0) = x_0.$$

On calcule le vecteur $\lambda(T_B) = \phi^{-1}(T_B)(g - H\chi(t_*))$.

Pour $\lambda(T_B) = 0 \iff H\chi(t_*) = g \implies w(t)$ est efficace.

Si $\|\lambda(T_B)\| < \mu$ ($\mu > 0$ est un paramètre de la méthode) alors $w(t)$ ainsi construit par le support τ_B est efficace pour le problème (3.1)-(3.3).

Si $\|\lambda(T_B)\| > \mu$ on change T_B en $\overline{T}_B$ en posant $\overline{T}_B = (T_B - \{t_0\}) \cup \{\bar{t}\}$ où $t_0 \in T_B$ est tel que

$$|\lambda(t_0)| = \max |\lambda(t)|,\ t \in T_B,$$

$\bar{t} \in T - T_B$ sera trouvé en utilisant la méthode duale du simplexe.

Il faut ensuite refaire la procédure jusqu'à avoir $\|\lambda(\overline{T}_B)\| < \mu$.

Procédure finale

Cette procédure s'applique dans le cas où les deux procédures précédentes ne diminuent pas la valeur de suboptimalité, ou cette diminution est insignifiante.

La procédure finale consiste à déterminer $\tau_B^0 = \{\tau_j^0,\ j = 1,...,m\}$ à partir de l'équation:

$$(d^* - d_*) \sum_{j=1}^m \text{sign}\Delta(t_j) \int_T {}_j\phi(t)dt = g - H\chi(t_1),$$

obtenues à partir de la contrainte

$$g - H\chi(t_1) = \bar{g} - \int_T \phi(t)u(t)dt.$$

La détermination de τ_B^0 est donnée par la relation de récurrence:

Chapitre 3. Contrôle optimal bi-critères

$$\tau_B^{(k+1)} = \tau_B^{(k)} + \frac{1}{d^* - d_*} sign\Delta(t_j)\lambda_j(\tau_B^{(k)}), \, j = 1,...,m$$

en prenant comme approximation initiale $\tau_B^{(1)} = \{\tau_j, \, j = 1,...,m\}$.

3.6.5 Etude d'un exemple

Considérons le problème suivant:

$$\begin{cases} \max(J_1(u), J_2(u)) = \max(c_1'x(2), c_2'x(2)) \\ \dot{x} = Ax + bu, \, x(0) = 0 \\ Hx(2) = g \\ -1 \leq u(t) \leq 1, \, t \in [0,2] = T, \end{cases}$$

avec $A = \begin{pmatrix} 0 & 1 \\ 0 & 0 \end{pmatrix}$, $b' = (1,1)$, $H = (1,0)$, $g = 1$, $c_1' = (0,1)$, $c_2' = (-1,2)$, $x' = (x_1, x_2)$, $m = 1$, $n = 2$.

Le système est commandable car la matrice $(b, Ab) = \begin{pmatrix} 1 & 1 \\ 1 & 0 \end{pmatrix}$ est de rang 2, et les valeurs propres de A sont de parties réelles nulles.

On résout l'équation différentielle, on obtient la résolvante

$$F(t) = \begin{pmatrix} 1 & t \\ 0 & 1 \end{pmatrix}, \, F^{-1}(t) = \begin{pmatrix} 1 & -t \\ 0 & 1 \end{pmatrix}, \, c_1(t) = 1, \, c_2(t) = t - 1, \, \phi(t) = 3 - t,$$

et $x'(t) = (\frac{1}{2}t^2 + t, t)$ pour $t \in [0,1[$, $x'(t) = (\frac{-1}{2}t^2 + t + 1, 2 - t)$ pour $t \in [1,2]$.

En utilisant cette solution, le problème devient:

$$\begin{cases} \max(J_1(u), J_2(u)) = \max(\int_T u(t)dt, \int_T (t-1)u(t)dt) \\ \int_T (3-t)u(t)dt = 1 \\ |u(t)| \leq 1, \, t \in T = [0,2]. \end{cases}$$

Soit la commande admissible

$$u(t) = \begin{cases} 1 & \text{si} & t \in [0,1[\\ -1 & \text{si} & t \in [1,2] \end{cases}$$

Pour cette commande on a $J(u) = (0, -1)$.
Soit l'appui généralisé $T_B = \{[\frac{1}{2}, 1[\}$ auquel correspond un moment d'appui $\tau_B = t_1 = \frac{1}{2}$.

Chapitre 3. Contrôle optimal bi-critères

$\phi_B = \phi(\frac{1}{2}) = \frac{5}{2}$, $\phi_B^{-1} = \frac{2}{5}$.
$y_1' = c_{1_B}' \phi_B^{-1} = \frac{2}{5}$, $\Delta_1(t) = y_1'\phi(t) - c_1(t) = \frac{1}{5}(1-2t)$.
$y_2' = c_{2_B}' \phi_B^{-1} = \frac{-1}{5}$, $\Delta_2(t) = y_2'\phi(t) - c_2(t) = \frac{2}{5}(1-2t)$.
$T^+ = \{t, \Delta_1(t) > 0, \Delta_2(t) > 0\} = [0, \frac{1}{2}[$
$T^- = \{t, \Delta_1(t) < 0, \Delta_2(t) < 0\} =]\frac{1}{2}, 2]$
$T^{+-} = \{t, \Delta_1(t) > 0, \Delta_2(t) < 0\} = \emptyset$
$T^{-+} = \{t, \Delta_1(t) < 0, \Delta_2(t) > 0\} = \emptyset$.

Le calcul la valeur de suboptimalité $\beta(u, \tau_B) = (\beta_1(u,\tau_B), \beta_2(u,\tau_B))$ correspond à :
$\beta_1(u,\tau_B) = \int_{T^+} \Delta_1(t)(u(t)+1)dt + \int_{T^-} \Delta_1(t)(u(t)-1)dt = 0.9 > \varepsilon_1$,
$\beta_2(u,\tau_B) = \int_{T^+} \Delta_2(t)(u(t)+1)dt + \int_{T^-} \Delta_2(t)(u(t)-1)dt = 1.8 > \varepsilon_2$.

Changement de commande $\overline{u}(t) = u(t) + \theta \Delta u(t) = u(t) + l(t)$

On construit le problème (3.12) en posant $\Delta(t) = \Delta_2(t) = \frac{2}{5}(1-2t)$:

$$\begin{cases} \max - \int_T \frac{2}{5}(1-2t)l(t)dt \\ \int_T (3-t)l(t)dt = 0 \\ -1 - u(t) \leq l(t) \leq 1 - u(t), \; t \in T \end{cases}$$

On prend pour paramètres de la méthode $\alpha = 0.4$, $h = 0.5$.
$T_0 = \{t \in T : \left|\frac{2}{5}(1-2t)\right| < 0.4\} =]0, 1[= \cup_{j=1}^2 T_j = [0, \frac{1}{2}[\cup [\frac{1}{2}, 2]$ avec
$T_1 =]0, \frac{1}{2}[$, $T_2 = [\frac{1}{2}, 1[$.

$T_\alpha = \{t \in T : \left|\frac{2}{5}(1-2t)\right| \geq 0.4\} = [1, 2] = T_3$
$\Delta u(t) = d^* - u(t) = 2, \; t \in T_1$.
$a_1 = -\int_{T_1} \Delta(t)dt = -\int_0^{\frac{1}{2}} \frac{2}{5}(1-2t)dt = -0.1$
$a_2 = -\int_{T_2} \Delta(t)dt = -\int_{\frac{1}{2}}^1 \frac{2}{5}(1-2t)dt = 0.1$
$a_3 = -\int_{T_3} \Delta(t)\Delta u(t)dt = -\int_1^2 \frac{4}{5}(1-2t)dt = 1.6$
$b_1 = \int_{T_1} \phi(t)dt = \int_0^{\frac{1}{2}}(3-t)dt = \frac{11}{8} = 1.375$
$b_2 = \int_{T_2} \phi(t)dt = \int_{\frac{1}{2}}^1 (3-t)dt = \frac{9}{8} = 1.125$
$b_3 = \int_{T_3} \phi(t)\Delta u(t)dt = \int_1^2 2(3-t)dt = 3$,
avec $u_1 = 1$, $u_2 = 1$, $d_{*1} = -2$, $d_1^* = 0$, $d_{*2} = -2$, $d_2^* = 0$, $d_{*3} = 0$, $d_3^* = 1$.

Chapitre 3. Contrôle optimal bi-critères

Le problème de programmation linéaire correspondant au problème (3.12) s'écrit :

$$\begin{cases} \max(-0.1l_1 + 0.1l_2 + 1.6l_3) \\ 1.375l_1 + 1.125l_2 + 3l_3 = 0 \\ -2 \leq l_1 \leq 0 \\ -2 \leq l_2 \leq 0 \\ 0 \leq l_3 \leq 1. \end{cases}$$

Sa solution optimale est $\bar{l} = (\bar{l}_1, \bar{l}_2, \bar{l}_3)' = (-2, -\frac{2}{9}, 1)'$ avec $\overline{S}_B = \{1\}$.
La nouvelle commande s'écrit de la manière suivante:

$$\bar{u}(t) = \begin{cases} u(t) - \bar{l}_1, \ t \in T_1 \\ u(t) - \bar{l}_2, \ t \in T_2 \\ u(t) + \bar{l}_\xi \Delta u(t), \ t \in T_3 \end{cases} = \begin{cases} -1, & t \in [0,\frac{1}{2}[\\ 0.778, & t \in [\frac{1}{2},1[\\ 1, & t \in [1,2] \end{cases}$$

avec $3 \notin \overline{S}_B$, on pose $\tau_B = \{\tau_j, j \in \overline{S}_B\} = \{\tau_1\} = \{\frac{1}{2}\}$, avec τ_B on calcul $\phi(\tau_B) = \frac{5}{2}$, $\Delta_1(t) = \frac{1}{5}(1-2t)$, $\Delta_2(t) = \frac{2}{5}(1-2t)$.
De plus, l'on a :

$$\beta_1(u,\tau_B) = \int_{T^+} \Delta_1(t)(\bar{u}(t)+1)dt + \int_{T^-} \Delta_1(t)(\bar{u}(t)-1)dt = 0.01$$

$$\beta_2(u,\tau_B) = \int_{T^+} \Delta_2(t)(\bar{u}(t)+1)dt + \int_{T^-} \Delta_2(t)(\bar{u}(t)-1)dt = 0.02.$$

Si $\varepsilon_1 = 0.01$ et $\varepsilon_2 = 0.02$, alors $(\bar{u},\tau_B)$ est une solution ε−efficace du problème; sinon on passe à l'étape suivante:

<u>changement de support</u>

Soit la quasi-commande $w(t)$ définie par $\begin{cases} w(t) = 1, & \text{si} \quad \Delta(t) < 0 \\ w(t) = -1, & \text{si} \quad \Delta(t) > 0 \\ w(t) \in [-1,1], & \text{si} \quad \Delta(t) = 0. \end{cases}$
La trajectoire $\chi(t)$ solution de l'équation $\dot{\chi} = A\chi + bw$, $\chi(0) = 0$, s'écrit :

$$\chi(t) = \begin{cases} \begin{pmatrix} -\frac{1}{2}t^2 - t \\ -t \end{pmatrix}, & \text{si} \quad t \in [0,\frac{1}{2}[\\ \begin{pmatrix} \frac{1}{2}t^2 - \frac{3}{4} \\ t-1 \end{pmatrix}, & \text{si} \quad t \in [\frac{1}{2},2] \end{cases}$$

$\lambda(T_B) = \phi^{-1}(T_B)(g - H\chi(t)) = -0.1$.
$\|\lambda(T_B)\| = 0.1 > \mu$ alors on change le support T_B en $\overline{T}_B = (T_B - \{t_0\}) \cup \{\bar{t}\}$.

Chapitre 3. Contrôle optimal bi-critères

$|\lambda(t_0)| = \max |\lambda(t)|$, $t \in T_B$. On obtient $t_0 = \frac{1}{2}$.
$\lambda(t_0) = -0.1$, $sign\lambda(t_0) = -1$, $\Delta y(I) = \frac{2}{5}$, $\Delta \Psi(t) = \begin{pmatrix} \frac{2}{5} \\ 0 \end{pmatrix}$, $\delta(t) = \frac{2}{5}$.

$$\sigma(t) = \begin{cases} 2t - 1, & \text{si } t \in]\frac{1}{2}, 2] \\ 0, & \text{si } t = \frac{1}{2} \\ \infty, & \text{si } t \in [0, \frac{1}{2}[\end{cases}$$

$T_\sigma =]\frac{1}{2}, \frac{1}{2} + \frac{\sigma}{2}[$
$\alpha(\sigma) = -0.1 + 2\int_{T_\sigma} \frac{2}{5} dt = -0.1 + 0.4\sigma$
$\alpha(\sigma_0 - y) < 0$, $\alpha(\sigma_0 + y) \geq 0$, $y \in]0, \sigma_0]$, ce qui donne $\sigma_0 = 0.1$
$\overline{\Delta}(t) = \Delta(t) + \sigma_0 \delta(t) = 0.44 - 0.8t$, $t \in T$.
$\overline{\Delta}(\overline{t}) = 0 \Longrightarrow \overline{t} = 0.55$ d'où $\overline{\tau}_B = \{0.55\}$.

La nouvelle commande
$$\overline{w}(t) = \begin{cases} -1, & \text{si } t \in [0, 0.55[\\ 1, & \text{si } t \in [0.55, 2] \end{cases}$$

est efficace. En effet $\phi_B = 2.45$ ce qui implique $\phi_B^{-1} = 0.408$.
$y_1' = c_{1B}' \phi_B^{-1} = 0.408 \Longrightarrow \Delta_1(t) = y_1' \phi(t) - c_1(t) = 0.224 - 0.408t$.
$y_2' = c_{2B}' \phi_B^{-1} = -0.183 \Longrightarrow \Delta_2(t) = y_2' \phi(t) - c_2(t) = 0.449 - 0.816t$.
$T^+ = [0, 0.55[$, $T^- = [0.55, 2]$, $T^{+-} = \emptyset$, $T^{-+} = \emptyset$.
$\beta_1(u, \tau_B) = \int_{T^+} \Delta_1(t)(\overline{w}(t) + 1)dt + \int_{T^-} \Delta_1(t)(\overline{w}(t) - 1)dt = 0$.
$\beta_2(u, \tau_B) = \int_{T^+} \Delta_2(t)(\overline{w}(t) + 1)dt + \int_{T^-} \Delta_2(t)(\overline{w}(t) - 1)dt = 0$.
avec $J(u) = (J_1(u), \ J_2(u)) = (0.9, \ 0.795)$.

3.7 Conclusion

On s'est intéressé dans ce chapitre aux méthode multicritères pour résoudre un problème linéaire de contrôle optimal. Le concept de solution efficace d'un problème terminal bi-critères de contrôle optimal soumis à une dynamique linéaire a été introduit. L'algorithme de la méthode adapté du simplexe à été utilisé pour la construction d'une solution efficace.

Chapitre 4

Etude de stratégies de commande d'un véhicule électrique

4.1 Introduction

Un véhicule électrique utilise une source d'énergie électrique pour son déplacement. Cette source d'énergie peut être réversible, dans le sens où elle peut être récupérée. Le problème de gestion de l'énergie des véhicules électriques peut être exprimé comme un problème de contrôle optimal. L'objectif de ce chapitre concerne la conduite des stratégies de contrôle associée à l'optimisation de la consommation d'énergie d'un véhicule électrique sur un cycle de conduite donné. Les principales approches ont été étudiées, y compris le principe du maximum Pontryagin (PMP) et les méthodes directes. Les méthodes indirectes, sur la base du PMP sont célèbres pour leur rapidité et leur précision. Toutefois, leur mise en œuvre à l'aide des méthodes de tirs peuvent faire face à certaines difficultés dans la pratique, notamment lorsque la structure de contrôle est de type Bang-Bang. En effet, ces méthodes transforment le problème initial en résolvant un système d'équations non linéaires. Dans ce cas, la solution numérique du problème est particulièrement sensible au choix du point initial. En outre, la présence de contraintes sur les états du système ne fait qu'accroître sa complexité via les méthodes indirectes.

Les méthodes directes, à leur tour, impliquent traditionnellement des discrétisations totales ou partielles du problème, puis utilisent différentes approches (SQP et les techniques de points intérieurs par exemple) pour résoudre le problème résultant. Les méthodes directes sont donc supposées robustes, néanmoins, elles sont relativement peu précises et peuvent mener à la résolution de problèmes d'optimisation de très grandes tailles, en fonction

Chapitre 4. Etude de stratégies de commande d'un véhicule électrique

du pas de discrétisation utilisé. D'autres part, ces méthodes sont moins adaptées à certains cas particuliers, notamment les problèmes qui présentent une structure Bang-Bang. Ce dernier type de problème engendre un très grand nombre d'opérations de commutation.

Dans ce chapitre, nous discutons sur une nouvelle formulation de ce type de problèmes de contrôle optimal Bang-Bang, et sur la façon d'approcher la solution globale de ce problème par une technique de discrétisation associée à un algorithme de Branch&Bound. On se focalise, pour un premier temps, sur la manière de résoudre efficacement le problème de la minimisation de la consommation d'énergie d'une voiture électrique sur un cycle de temps fixé, voir [60] pour avoir un aperçu sur ce sujet. Le problème est reformulé suivant la technique de construction de régulateur de courant et aboutit à un problème d'optimisation globale qui peut être résolu en utilisant l'algorithme de Branch&Bound. En utilisant cette technique, l'avantage obtenu est la réduction des exigences de calcul et l'algorithme peut être intégré dans un cadre de prévision de contrôle en temps réel. Dans la dernière section, nous considérons un deuxième critère qui est la maximisation de la distance parcourue conduisant à un problème bi-critères de contrôle optimal. On étend notre algorithme de Branch&Bound afin de construire le front de Pareto.

4.2 Modèle de fonctionnement d'un véhicule électrique

En l'état actuel des connaissances, le moteur électrique constitue indéniablement une avancée technologique dans le domaine de l'efficacité énergétique. Il permet en effet d'améliorer considérablement le rendement énergétique par rapport à un moteur thermique classique. L'introduction d'un moteur électrique avec des batteries entraîne un rendement mécanique d'environ 90% quel que soit le régime auquel il travaille, contre environ 40% pour un moteur thermique. Le moteur utilisé dans notre prototype est de type RL classique à courant continu [68]. Ces moteurs, associés à des régulateurs électroniques, ont des efficacités énergétiques excellentes et de plus, ils sont très légers. Leur poids est notablement plus faible que celui d'un moteur thermique et de son réservoir. On pourrait disposer, à poids total équivalent, d'environ 200 kg de batteries.

La figure 4.1 représente le lien de traction standard entre les différentes composantes de la constitution du véhicule en question. La modélisation de cette chaîne de transmission se compose de deux parties: la partie électrique en liaison avec la batterie, le convertisseur

Chapitre 4. Etude de stratégies de commande d'un véhicule électrique

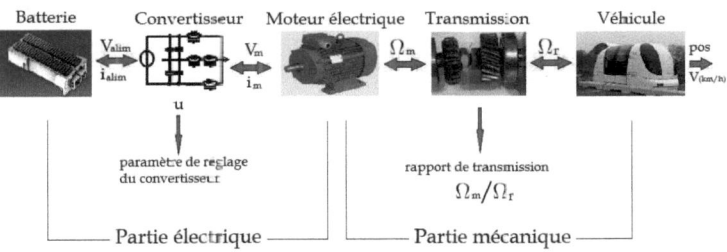

FIG. 4.1 – *Chaîne de traction standard*

et le moteur; la partie mécanique en liaison avec la transmission et le véhicule. Chaque partie est décrite par une équation différentielle, une pour le courant dans le moteur et une pour la vitesse.

L'énergie confinée dans la batterie est régulée dans le convertisseur par le paramètre de contrôle u (appartenant à $\{-1, 1\}$), et le courant délivré au moteur est modélisé par l'équation différentielle suivante:

$$\frac{di_m(t)}{dt} = \frac{u(t)V_{alim} - R_m i_m(t) - K_m \Omega_m(t)}{L_m}. \quad (4.1)$$

Le mouvement du moteur est transmis au véhicule via la transmission avec un rapport de réduction. La consommation électrique d'un véhicule est due principalement à la résistance de l'air, au frottement des roulements; on peut éventuellement citer d'autres facteurs tels que le chauffage et la climatisation... . La puissance nécessaire pour surmonter les frottements de roulement est une fonction linéaire par rapport à la vitesse alors que celle correspondant à la résistance de l'air croît de manière quadratique par rapport à celle-ci. L'équation différentielle de cette partie est donnée en vitesse de rotation du moteur par l'équation suivante:

$$\frac{d\Omega_m(t)}{dt} = \frac{1}{J}\left(\bar{K}_m i_m(t) - \frac{r}{K_r}\left(MgK_f + \frac{1}{2}\rho SC_x\left(\frac{\Omega_m(t)r}{K_r}\right)^2\right)\right). \quad (4.2)$$

Pour connaître la position du véhicule, nous pouvons la déduire de l'équation différentielle suivante:

Chapitre 4. Etude de stratégies de commande d'un véhicule électrique

$$\frac{dpos(t)}{dt} = \frac{\Omega_m(t) \times r}{K_r} \qquad (4.3)$$

$V(t) = \frac{3.6 \times r}{K_r}\Omega_m(t)$ donne la célérité linéaire du véhicule en km/h.

L'indice de performance est donné par la formule de l'énergie totale consommée suivante:

$$E(t_f, i_m, u) = \int_0^{t_f} \left(u(t)i_m(t)V_{alim} + R_{bat}u^2(t)i_m^2(t) \right)\, dt, \qquad (4.4)$$

où E représente l'énergie électrique totale consommée au cours du déplacement sur le cycle de temps $[0,\ t_f]$. Le terme quadratique reflète les pertes dues à la résistance interne de la batterie. La performance de ce type de véhicule est indissociable des performances des batteries, à cause des exigences de ce mode de locomotion. On peut récupérer l'énergie cinétique au freinage pour recharger la batterie, et pour gérer les surcharges lors des ralentissements et accélérations en ville, on peut adjoindre des condensateurs capables de stocker cette énergie.

Le problème peut être formulé comme un problème de contrôle optimal du véhicule de la manière suivante:

$$\begin{cases}
\min_{i_m(t), \Omega(t), pos(t), u(t)} \quad E(t_f, i_m, u) \\
s.c. \\
\quad \dot{i}_m(t) = \frac{u(t)V_{alim} - R_m i_m(t) - K_m \Omega(t)}{L_m} \\
\quad \dot{\Omega}(t) = \frac{1}{J}\left(K_m i_m(t) - \frac{r}{K_r}\left(MgK_f + \frac{1}{2}\rho S C_x \left(\frac{\Omega(t)r}{K_r}\right)^2 \right) \right) \\
\quad \dot{pos}(t) = \frac{\Omega(t)r}{K_r} \\
\\
|i_m(t)| \leq 150 \\
\Omega(t) \leq \frac{K_r}{3.6 \times r} \times V_l \\
u(t) \in \{-1,\ +1\} \\
\\
(i_m(0),\ \Omega(0),\ pos(0)) = (i_m^0,\ \Omega^0,\ pos^0) \in \mathbb{R}^3 \\
(i_m(t_f),\ \Omega(t_f),\ pos(t_f)) \in \mathcal{T} \subseteq \mathbb{R}^3
\end{cases} \qquad (4.5)$$

Les variables d'états sont:
- i_m le courant traversant le moteur.
- Ω la vitesse de rotation du moteur.
- pos est la position du véhicule.

Chapitre 4. Etude de stratégies de commande d'un véhicule électrique

Le contrôle u, à structure Bang-Bang, est dans $\{-1,1\}$. Dans ce problème, nous avons des contraintes sur les variables d'état: $|i_m(t)| \leq 150$ afin de limiter le courant dans le moteur pour écarter la possibilité de le détruire; et un déplacement contraint $\Omega(t) \leq \frac{K_r}{3.6 \times r} \times V_l$, où V_l désigne la vitesse limite autorisée (donnée en km/h) pour effectuer un trajet. Dans les premiers temps de l'étude, cette contrainte sera relâchée ($V_l = \infty$), mais elle sera reconsidérée dans la partie numérique. Les autres termes sont des paramètres physiques fixes représentés dans le tableau 4.1.

Paramètres	Signification	Valeur
K_r	Rapport de réduction	10
ρ	Densité de l'air	$1.293 \ kg/m^3$
C_x	Coefficient aérodynamique	0.4
S	Surface frontale du véhicule	$2 \ m^2$
r	Rayon de la roue	$0.33 \ m$
K_f	Coefficient de frottement aux roues	0.03
K_m	Coefficient du couple moteur	0.27
R_m	Résistance de l'induit	$0.03 \ Ohms$
L_m	Inductance de l'induit	$0.05 \ H$
M	Masse du véhicule	$250 \ kg$
g	Constante de la gravité	9.81
J	Inertie du moteur	$M \times r^2 / K_r^2$
V_{alim}	Tension alimentation batterie	$150 \ volts$
R_{bat}	Résistance de la batterie	$0.05 \ Ohms$

TAB. 4.1 – Paramètres du véhicule.

Ce problème est soumis aux conditions aux limites. Les conditions initiales sont données par le point de départ (i_m^0, Ω^0, pos^0) au temps initial $t_0 = 0$, mais l'ensemble cible $\mathcal{T}$ au temps final t_f est libre et dépend du problème considéré; il pourrait être un point de $\mathbb{R}^3$, mais une ou deux variables peuvent ne pas être fixées: par exemple, seulement la position finale égale à $100m$ est requise (voir la section numérique).

Le fait que nous ayons une contrainte sur l'état lié au fait qu'il s'agit d'un contrôle de type Bang-Bang induit beaucoup de difficultés lors de l'utilisation de la méthode indirecte basée sur le PMP qui ne permet pas d'obtenir des solutions (même locales).
L'utilisation de méthodes directes génère des problèmes d'optimisation standard, mais de grandes tailles en fonction du pas de discrétisation utilisé. Dans notre cas, si on discrétise l'ensemble du cycle de temps en fixant la valeur de la commande, il est nécessaire d'avoir

Chapitre 4. Etude de stratégies de commande d'un véhicule électrique

de très petits pas car la valeur du courant dans le moteur varie très rapidement. La programmation dynamique, utilisant l'équation de Hamilton-Jacobi-Bellman, est une technique qui compare la solution optimale avec toutes les autres solutions. Cette comparaison globale conduit donc à des conditions d'optimalité qui sont suffisantes. Le seul inconvénient de cette méthode (ce qui exclut souvent son utilisation), est qu'elle peut facilement donner lieu à d'énormes besoins de calcul, ce qui est le cas avec notre problème [61].

La minimisation de la consommation de l'énergie sur un cycle connu à l'avance, permet l'utilisation d'un maillage en temps et des états. En fonction des hypothèses faites sur les contraintes terminales imposées sur les trajectoires, on propose une méthode originale pour résoudre ce problème qui aboutit à un problème discrétisé qui est résolu en utilisant un algorithme exact de type Branch&Bound. Cette nouvelle méthode fournit des résultats exacts pour le modèle discrétisé qui correspondent à des solutions globales approchées du problème (4.5).

4.3 Approximation du problème de contrôle optimal du véhicule

On approxime le problème (4.5) par un problème d'optimisation, en se basant sur ses propriétés. On remarque que la formule de l'énergie est uniquement fonction du courant et du contrôle. Par conséquent, il est donc profitable de rechercher la trajectoire du courant qui minimise la consommation de l'énergie. Si on discrétise tout l'intervalle de temps $[0,t_f]$ en fixant la valeur du contrôle u, il est nécessaire d'avoir de très petits pas ($\leq 10^{-4}$) pour au moins être en mesure de contrôler le courant dans le moteur. Cela va générer un problème d'optimisation globale avec un très grand nombres de variables mixtes (continu et discret) qui serait, pour le moment, très difficile à résoudre par des méthodes directes de contrôle optimal.

Une idée distincte provenant directement de la simulation numérique du comportement du véhicule, est d'imposer sur un échantillon de temps, la valeur du courant dans le moteur électrique du véhicule. Cela est possible en utilisant le paramètre de contrôle $u(t)$ et des courants de références (voir figure 4.2). Ainsi, lorsque l'on impose un courant de référence $iref$, on peut maintenir cette valeur de façon que

Chapitre 4. Etude de stratégies de commande d'un véhicule électrique

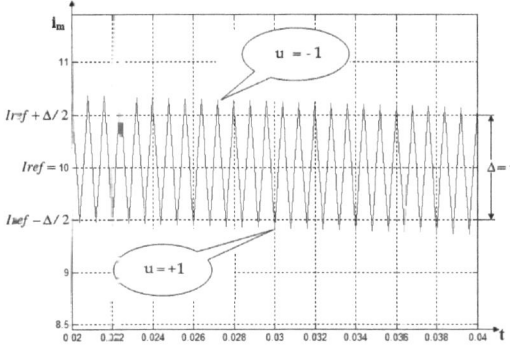

FIG. 4.2 – *Principe de pilotage par fourchette de courant*

$$u(t) := -1 \text{ si } i_m(t) > iref + \tfrac{\Delta}{2} \text{ et}$$
$$u(t) := 1 \text{ si } i_m(t) < iref - \tfrac{\Delta}{2}.$$

Le contrôle commute entre les deux valeurs de u lorsque le courant qui traverse le moteur dépasse la valeur de $iref$ avec une certaine tolérance Δ.

Le débordement sur les limites de la bande Δ (voir figure 4.2), pour un pas de temps, est dû au fait que le courant est à proximité des frontières de Δ à la fin du pas précédent. Le débordement maximal est de 0.3 ampères pour un pas de temps discrétisé équivalent à 10^{-4} secondes.

Cette technique est un moyen de construire un régulateur de courant qui est une première étape avant de construire un régulateur de vitesse pour une voiture électrique. Ainsi, de cette façon, le système d'équations différentielles suivant peut être résolu:

Chapitre 4. Etude de stratégies de commande d'un véhicule électrique

$$VS_{t_0,iref}(t) := \begin{cases} \dot{E}(t) = u(t)i_m(t)V_{alim} + R_{bat}u^2(t)i_m^2(t) \\ \dot{i}_m(t) = \frac{u(t)V_{alim} - R_m i_m(t) - K_m\Omega(t)}{L_m} \\ \dot{\Omega}(t) = \frac{1}{J}\left(K_m i_m(t) - \frac{r}{K_r}\left(MgK_f + \frac{1}{2}\rho SC_x\left(\frac{\Omega(t)r}{K_r}\right)^2\right)\right) \\ \dot{pos}(t) = \frac{\Omega(t)r}{K_r} \\ u(t) := \begin{cases} -1 \text{ if } i_m(t) > iref + \frac{\Delta}{2} \\ +1 \text{ if } i_m(t) < iref - \frac{\Delta}{2} \\ u(t) \text{ else.} \end{cases} \\ (E(t_0),i_m(t_0),\Omega(t_0),pos(t_0)) = (E^{t_0},i_m^{t_0},\Omega^{t_0},pos^{t_0}) \in \mathbb{R}^4 \\ u(t_0) := 1; \end{cases} \quad (4.6)$$

où t_0 est le temps initial qui n'est pas nécessairement égal à 0.

Ce système d'équations différentielles peut être efficacement résolu en utilisant un intégrateur numérique classique comme par exemple la méthode d'*Euler* ou la méthode de range-Kutta d'ordre 2 (*RK2*) ou d'ordre 4 (*RK4*) avec un pas de temps inférieur à 10^{-4}. La fonction $VS_{t_0,iref}(t)$ calcule toutes les valeurs de $E(t), i_m(t), \Omega(t), pos(t)$, pour tout $t \in [t_0, t_f]$; cependant en pratique, seulement les valeurs pour les temps discrétisés $t_i \in [t_0, t_f]$ sont calculées.

Ici, on s'intéresse aux valeurs finales des variables d'état, par conséquent, on définit une fonction:

$$VSF(iref, t_0, t_f) := (E(t_f), i_m(t_f), \Omega(t_f), pos(t_f)) \in \mathbb{R}^4,$$

dont les calculs sont effectués en utilisant la fonction $VS_{t_0,iref}(t)$ qui résout le système d'équations différentielles (4.6) sous les conditions initiales ($E^{t_0}, i_m^{t_0}, \Omega^{t_0}, pos^{t_0}$).

4.4 Problème d'optimisation globale

L'approximation du problème (4.5) à partir du système (4.6) est générée en subdivisant le cycle du temps $[0, t_f]$ en P sous-intervalles. Sur chaque échantillon de temps $[t_{k-1}, t_k]$ avec $k \in \{1, \cdots, P\}$ ($t_k = k \times \frac{t_f}{P}$), on applique un courant de référence $iref_k$, qui prend ses valeurs dans $[-150, 150]$, ce qui permet de satisfaire directement la contrainte sur la variable d'état du problème (4.5).

Ainsi, on se focalise sur la résolution du problème d'optimisation globale suivant:

Chapitre 4. Etude de stratégies de commande d'un véhicule électrique

$$\begin{cases} \min_{iref \in [-150,150]^P} \sum_{k=1}^{P} E_k \\ u.c. \\ \quad (E_k, i_k, \Omega_k, pos_k) := VSF(iref_k, t_{k-1}, t_k) \\ \quad (E_0, i_0, \Omega_0, pos_0) = (E^0, i_m^0, \Omega^0, pos^0) \in \mathbb{R}^4 \\ \quad (i_P, \Omega_P, pos_P) \in \mathcal{T} \subseteq \mathbb{R}^3 \end{cases} \quad (4.7)$$

Le problème (4.7) est une bonne approximation du problème initial (4.5), et celui-ci ne génére qu'un petit nombre de variables P.

4.5 Algorithme de résolution de type Branch&Bound

Pour l'instant, on n'est pas en mesure de résoudre exactement le problème d'optimisation globale (4.7); on a donc besoin de discrétiser également les valeurs possibles du courant de référence: $iref \in \{-150, -150+s, -150+2 \times s, \cdots, 150\}^P$; on prend un pas de discrétisation s uniforme. Par conséquent, l'ensemble des solutions devient fini et peut être énuméré. Néanmoins, si l'on veut avoir une bonne approximation pour la résolution du problème d'optimisation globale (4.7), il faut discrétiser en petits échantillons de temps, et dans ce cas, l'ensemble fini des solutions possibles devient rapidement très grand de l'ordre de $(\frac{300}{s}+1)^P$, donc la complexité est exponentielle en P. L'idée est alors d'utiliser un algorithme de Branch&Bound qui consiste à énumérer une partie de ces solutions par une procédure de séparation; on se dote alors d'une stratégie de subdivision de l'espace de recherche pour créer des espaces de plus en plus petits. L'algorithme de Branch&Bound comporte aussi une procédure d'évaluation progressive en utilisant les propriétés du problème en question; on se dote alors d'une fonction qui permet de mettre des bornes sur certaines solutions. Cette méthode générale permet d'éliminer des solutions partielles qui ne mènent pas à la solution recherchée ou les maintient comme solutions potentielles.

4.5.1 Technique de calcul des bornes

Pour pouvoir utiliser un tel algorithme, il faut élaborer une technique permettant de calculer des bornes pour les quatre paramètres principaux: E_k, i_k, Ω_k, pos_k sur tout pavé $IREF \subseteq \{-150, -150+s, -150+2 \times s, \cdots, 150\}^P$ et pour un t_0 et un t_f donnés. Dans le but d'être plus efficace, sur un échantillon de temps précédent, on calcule 4 matrices: M_E, M_{im}, M_Ω, M_{pos} où les colonnes correspondent aux valeurs lorsque $iref$ est fixé avec

Chapitre 4. Etude de stratégies de commande d'un véhicule électrique

$i_m^{t_0} = iref$ et les lignes fournissent des valeurs lorsque la vitesse initiale Ω^{t_0} est donnée; on discrétise également les valeurs possibles de la vitesse.

$$\begin{array}{c|c} & iref = -150 + (j-1)s \\ \Omega^{t_{k-1}} = (i-1)pasV & \vdots \\ & \cdots \quad m_\Theta(i,j) \end{array}$$

$pasV$ est le pas de discrétisation des valeurs de la vitesse et Θ représente l'un de ces symboles E, Ω, pos.

$e_E = (1,0,0,0)$, $e_\Omega = (0,0,1,0)$, $e_{pos} = (0,0,0,1)$ sont des vecteurs de la base canonique de $\mathbb{R}^4$ qui serviront au calcul des éléments $m_\Theta(i,j)$ des matrices donnés par la formule suivante :

$$m_\Theta(i,j) = <VSF(iref, t_{k-1}, t_k), e_\Theta>,$$

où $<.,.>$ désigne le produit scalaire.

$m_\Theta(i,j)$ est obtenu lors du calcul de la fonction $VS_{t_{k-1},iref}(t)$ sur un échantillon de temps $[t_{k-1}, t_k]$ et sous les conditions initiales suivantes :

$$(E^{t_{k-1}}, i_m^{t_{k-1}}, \Omega^{t_{k-1}}, pos^{t_{k-1}}) = (0, iref, \Omega^{t_{k-1}}, 0).$$

Par exemple $m_E(i,j)$ représente la valeur de l'énergie qui est consommée au cours d'un échantillon de temps $[t_{k-1}, t_k]$ où $iref$ correspondant à la j-ème composante de l'ensemble $\{-150, -150+s, -150+2\times s, \cdots, 150\}$ avec $i_m^{t_0} = iref$ et la i-ème ligne correspondant à la valeur discrétisée de la vitesse, les autres valeurs initiales sont fixées à 0: $E^{t_{k-1}} = pos^{t_{k-1}} = 0$. Lorsqu'un pavé $IREF$ est considéré, on calcul les bornes pour E, i, Ω et pos en calculant les ensembles d'indice I et J correspondant aux valeurs possibles de la vitesse sur l'échantillon précédent et aux valeurs possibles de $iref$. Ensuite, on calcule les bornes correspondant aux valeurs minimales et maximales de $m_E(i,j)$, $m_i(i,j)$, $m_\Omega(i,j)$, $m_{pos}(i,j)$ avec $(i,j) \in I \times J$. Pour obtenir la valeur finale de E et la valeur finale de pos, on procède à la somme de toutes les bornes inférieures et supérieures.

Le reste de l'algorithme de Branch&Bound développé est simple et utilise le principe classique suivant :

Chapitre 4. Etude de stratégies de commande d'un véhicule électrique

(i) subdivision en deux parties distinctes du pavé $IREF$ (qui représente les valeurs possibles pour $iref$);

(ii) la borne supérieure est calculée en prenant le milieu du pavé $IREF$ si les contraintes sont satisfaites et si sa valeur est meilleure que la précédente (on commence avec $+\infty$);

(iii) on évalue suivant la valeur la plus basse de la borne inférieure de l'énergie.

4.5.2 Heuristiques alternatives

L'algorithme Branch and Bound utilise les données de pré-traitement lors du calcul des matrices. Ces données sont exploitées afin de réduire les limites de temps de calcul. En effet, la méthode exacte décrite ci-dessus pour calculer des bornes est coûteuse en temps CPU. Un intérêt est accordé pour 4 heuristiques $H1$, $H2$, $H3$ et $H4$ suivantes:

– Pour $H1$: on attribue comme bornes inférieures, les valeurs de chaque sous-matrice induite correspondant à la première ligne et la première colonne

$$m_E(i_1,j_1); \quad m_\Omega(i_1,j_1); \quad m_{pos}(i_1,j_1).$$

Comme bornes supérieures, les valeurs correspondant aux dernières lignes et dernières colonnes

$$m_E(i_n,j_m); \quad m_\Omega(i_n,j_m); \quad m_{pos}(i_n,j_m)$$

– Pour $H2$: on conserve les mêmes bornes que l'heuristique $H1$ pour la position. Comme bornes inférieures pour l'énergie et la vitesse, on calcule les valeurs minimales sur les premières lignes, et comme bornes supérieures, les valeurs maximales sur les dernières lignes des sous matrices induites.
– Bornes inférieures: $\min_{j\in J} m_E(i_1,j); \quad \min_{j\in J} m_\Omega(i_1,j); \quad m_{pos}(i_1,j_1).$
– Bornes supérieures: $\max_{j\in J} m_E(i_n,j); \quad \max_{j\in J} m_\Omega(i_n,j); \quad m_{pos}(i_n,j_m).$
– Pour $H3$, on conserve les mêmes bornes que l'heuristique $H1$ pour la position et la vitesse. Pour l'énergie, la valeur de la sous-matrice à la dernière ligne et la première colonne $m_E(i_n,j_1)$ est prise comme borne inférieure et respectivement, comme borne supérieure, on prend la valeur correspondant à la première ligne et la dernière colonne $m_E(i_1,j_m)$.

Chapitre 4. Etude de stratégies de commande d'un véhicule électrique

– Pour $H4$, on garde les mêmes bornes que l'heuristique $H2$ pour la position et la vitesse. Pour l'énergie, comme borne inférieure, on calcule la valeur minimale sur la dernière ligne et comme borne supérieure, la valeur maximale sur la première ligne:
  – Bornes inférieures: $\min_{j \in J} m_E(i_n,j)$; $\min_{j \in J} m_\Omega(i_1,j)$; $m_{pos}(i_1,j_1)$.
  – Bornes supérieures: $\max_{j \in J} m_E(i_1,j)$; $\max_{j \in J} m_\Omega(i_n,j)$; $m_{pos}(i_n,j_m)$.

Notons que ces valeurs ne sont peut-être pas inférieure ou supérieure, mais elles sont proches et elles peuvent être calculées efficacement.

Dans le pré-traitement, le temps de calcul des matrices dépend de l'échantillon de temps $t_k - t_{k-1} = \frac{t_f}{P}$, du pas de discrétisation de la vitesse $pasV$, de la valeur de s qui subdivise l'intervalle $[-150,150]$, du pas de temps utilisé dans l'intégrateur numérique $RK4$ et de la valeur de Δ. Dans les études numériques qui vont suivre, on fixe le pas d'intégration à 10^{-4}, $pasV = 0.1\ km/h$ et $\Delta = 1$, le temps de pré-traitement pour le calcul des matrices devient ainsi proportionnel à $(t_k - t_{k-1})$ et inversement proportionnel à s.

4.5.3 Algorithme B&B

1: Initialisation: Soit $L :=$ le domaine initial dans lequel le minimum est recherché, $Emin := \infty$ le majorant du minimum, $pas\_Iref := s$ saut de discrétisation des courants de références, $posmin := 0$ la position initiale, $solmin := 0$ la solution initiale.

2: Initialisation des matrices: $pasV :=$ est le pas de discrétisation de la vitesse, $pastf := P$ désigne la longueur de l'échantillon de temps.

3: Calcul des matrices $Posf$, Ef, Vf (voir paragraphe 4.5.1).

4: **while** $L \neq \emptyset$ **do**

5:     Extraction du premier élément noté X de L.

6:     Calcul de la largeur maximale H de X et de son indice ν.

7:     $m :=$ calcul du milieu de X_ν.

8:     **for** $i = 1$ à 2 **do**

9:         éclatement de l'élément X en deux blocs

10:         **if** $(i = 1)$ **then**

11:             $X := \lfloor \frac{m}{pas\_Iref} \rfloor pas\_Iref$ (premier bloc)

12:         **else**

            $X := \lfloor \frac{m}{pas\_Iref} \rfloor pas\_Iref + pas\_Iref$ (second bloc)

Chapitre 4. Etude de stratégies de commande d'un véhicule électrique

13:    **end if**
14:    Calcul des bornes inférieures biE, $bipos$, Vbi, et des bornes supérieures bsE, $bspos$, Vbs en utilisant les heuristiques $H1$, $H2$ ou la méthode exacte ME.
15:    **if** $(bspos \geq posf)$ et $(bipos \leq posf)$ et $(biE < Emin)$ **then**
16:        $midi :=$ point milieu du pavé
17:        $sol := \lfloor midi/pas\_Iref \rfloor * pas\_Iref$
18:        Calcul des bornes $Esol,possol,Vsol$
19:        **if** $(possol \geq posf)$ et $(Esol < Emin)$ **then**
20:            $Emin = Esol$, $posmin = possol$, $solmin = sol$
21:            **if** $(H \neq 0)$ **then**
22:                $L = (L; X)$ insertion du bloc x dans la liste L
23:            **end if**
24:        **end if**
25:    **end if**
26:    **end for**
27: **end while**
28: Résultats : $Emin$, $posmin$, $Vsol$.

$\lceil . \rceil$ désigne la partie entière. $\lfloor . \rfloor$ désigne la partie entière par défaut.
La structure générale de cet algorithme est schématisé en quatre étapes réalisé dans l'ordre suivant: l'extraction, la division, l'analyse, l'insertion. L'extraction d'un élément de L se fait suivant une liste FIFO: extraction en tête de liste et insertion en tête.
Concernant l'étape 9 de l'algorithme, la technique utilisée pour diviser l'élément X en deux blocs consiste à sélectionner la composante ayant la plus grande largeur et à diviser X par rapport au milieu de cette composante. La boucle for de la ligne 8 constitue le coeur de l'algorithme. La ligne 14 concerne la vérification de contrainte par calcul des bornes. C'est l'étape d'analyse qui fait appel à l'une des heuristiques ME, $H4$, $H3$, $H2$ ou $H1$. Si la condition de la ligne 15 est vérifiée, alors on est sûr que le minimum global recherché est dans le bloc X, ce qui justifie son insertion dans la liste, sinon, le bloc est directement supprimé (ligne 22).
La recherche d'une bonne solution réalisable consiste en l'évaluation de la fonction objectif au point milieu de X. Si cette solution vérifie les contraintes, on la compare à la meilleure

solution courante du problème. Celle-ci est mise à jour si elle améliore la solution courante (ligne 19). La condition d'arrêt de l'algorithme s'effectue lorsque toute la liste L est vide (ligne 21). Cet algorithme est bien sûr à complexité exponentielle en temps et en mémoire.

4.6 Résultats numériques

Pour tous les tests numériques, on utilise un PC portable standard avec 4GB de RAM en utilisant MatLab 9. Pour comparer les résultats lors des variations de contraintes sur les vitesses, on adopte un même profil pour toutes les simulations. Notre méthode est ainsi évaluée pour un déplacement de 100 mètres, et un cycle de temps $t_f = 10$ secondes: $(i_m(0),\Omega(0),pos(0)) = (0,0,0)$; $(i_m(t_f),\Omega(t_f),pos(t_f)) \in \mathcal{T} = \mathbb{R} \times \mathbb{R} \times \{100\}$.

4.6.1 Cas sans contrainte sur la vitesse

Dans cette simulation, on compare les 4 heuristiques et la méthode exacte avec les paramètres $P = 5$ et $s = 1$. On obtient, pour le problème discrétisé, la solution exacte $iref = (145, 86, 34, -16, -112)$ correspondant à l'énergie minimale $Emin(10) = 23045\ J$. En outre, on a $pos(10) = 100.01\ m$. Ce calcul est effectué pour un pas d'intégration égale à 10^{-4} et $pasV = 0.1\ km/h$. Le pré-traitement pour le calcul des matrices a pris 659 secondes.

	CPU (s)	E_{min} (J)	$posf$ (m)	Vf (km/h)	$iref$ (amps)	$Iterations$
ME	3217	23045	100.01	13.20	(145, 86, 34, $-$16, $-$112)	12511713
$H1$	54	23151	100.00	13.68	(149, 83, 21, 2, $-$116)	717752
$H2$	473	23054	100.00	11.72	(149, 86, 29, $-$17, $-$116)	2201152
$H3$	551	23045	100.01	13.20	(145, 86, 34, $-$16, $-$112)	7215459
$H4$	1,524	23045	100.01	13.20	(145, 86, 34, $-$16, $-$112)	7232821

TAB. 4.2 – Comparaison des heuristiques pour P=5, s=1.

Le tableau 4.2 illustre les solutions obtenues par la méthode exacte ME, et par les 4 heuristiques $H1$, $H2$, $H3$, $H4$ pour les paramètres $P = 5$ et $s = 1$ dont les graphes sont représentés dans la figure 4.3. CPU est le temps en secondes; E_{min} est l'énergie minimale consommée donnée en joules; $posf$ est la distance parcourue par le véhicule donnée en mètres; Vf est la vitesse finale du véhicule en km/h; $iref$ donne le tableau des courants

Chapitre 4. Etude de stratégies de commande d'un véhicule électrique

de référence en ampères, et on retrouve à la dernière colonne du tableau les iterations nécessaires à l'execution de l'algorithme.

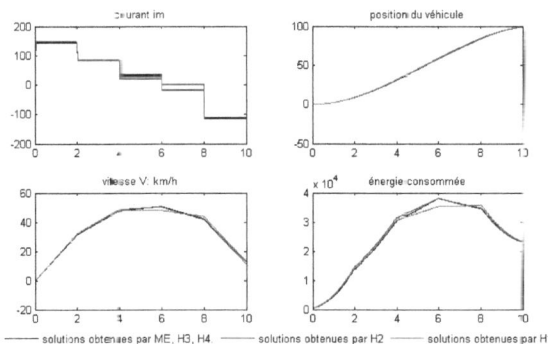

FIG. 4.3 – *Cas: P=5; s=1; posf=100 m.*

Notons que si l'on calcule cette solution exacte directement à l'aide de l'intégrateur numérique $RK4$ (sans l'utilisation des matrices), l'on obtient $\overline{Emin} = 23166$ J pour une position $\overline{pos} = 99.04$ m. L'erreur de calcul est d'environ 0.52% pour l'énergie et 0.97% pour la position.

Bien que les heuristiques $H1$ et $H2$ donnent des résultats assez proches, elle ne sont pas fiables pour la détermination de la solution exacte, notamment dans ce cas. Néanmoins, elle peuvent être utilisées lorsqu'on peut se contenter d'un résultat moins précis permettant de concilier temps de calcul et qualité de la solution. Les heuristiques $H3$ et $H4$, quant à elles, donnent la même solution comparativement à la méthode exacte ME, elle sont beaucoup plus fiables que $H1$ et $H2$. $H3$ est plus rapide que $H4$, et offre des solutions exactes dans environ 97% des cas que nous avons testé. Notons aussi que les cas restants fournissent des solutions qui sont très proches des solutions exactes.

Chapitre 4. Etude de stratégies de commande d'un véhicule électrique

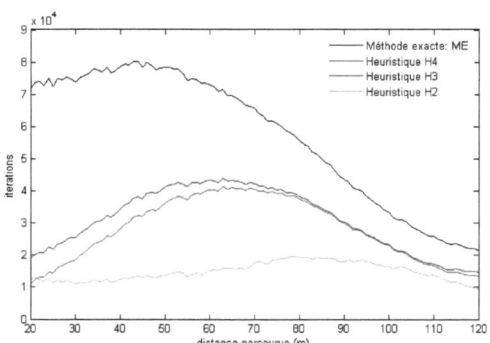

FIG. 4.4 – *Performance en iterations, cas: P=5, s=10.*

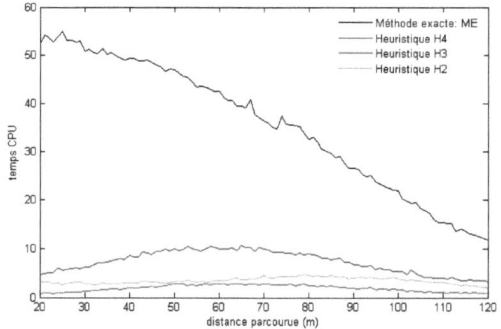

FIG. 4.5 – *Performance en temps CPU, cas: P=5, s=10.*

Les graphes 4.4 et 4.5 montrent les performances de l'heuristique $H2$, $H3$ et $H4$ comparativement à la méthode exacte ME, selon le nombre d'iterations et le temps CPU. Le profil de la figure 4.5 illustre un gain de temps assez important de $H3$ par rapport à la méthode exacte ME.

Le tableau 4.3 permet de comparer les heuristiques $H1$, $H2$, $H3$ et $H4$ par rapport à la méthode exacte ME. Cette comparaison est effectuée sur trois critères: le taux de réussite

Chapitre 4. Etude de stratégies de commande d'un véhicule électrique

$Heuristiques$	$H1$	$H2$	$H3$	$H4$	ME
$temps - CPU\ moyen\ (s)$	0.18	3.44	1.92	7.31	35.59
$erreur\ maximale\ sur\ l'énergie$ (%)	4.45%	1.00%	0.69%	0%	//
$succès$ (%)	0%	67%	97%	100%	//

TAB. 4.3 – Comparaison des heuristiques.

sur les solutions, le temps moyen de calcul, et l'erreur maximale sur la performance des solutions.
Les temps moyens de calcul sont divisés par **18**. Ceci est avalisé par un profil comparable de la figure 4.4 qui donne une allure similaire concernant le nombre d'iteration. $H4$ est très robuste et donne dans presque tous les cas, les mêmes résultats que ME. Bien $H3$ est légèrement moins efficace que $H4$, l'erreur maximale commise dans la performance des solutions est de 0.69%. Cependant, le temps de calcul est divisé par 4. Par conséquent, dans toute la suite de ce paragraphe, les tests numériques seront validés par $H3$.
Lorsque l'on évalue notre algorithme pour des paramètres $P = 5$ et $s = 1$, on obtient la meilleure solution apportée en un jour de calcul * = (150, 140, 90, 70, 30, 20, 20, − 20, − 80, − 150) correspondant à l'énergie minimale $Emin^*(10) = 22807\ J$. En outre, on a $pos^*(10) = 100.05\ m$. Ce calcul a nécessite environ 8×10^8 iterations de l'algorithme de Branch&Bound. Ce temps de calcul très long dépend fortement des paramètres s et P, ce qui est compréhensible pour un code de Branch&Bound dont la complexité est exponentielle en P.
Par conséquent, une idée pour obtenir des solutions plus précises, est d'exécuter le code Branch and Bound itérativement en définissant des zones plus précises autour des solutions exactes obtenues précédemment, en faisant croître le paramètre P et décroître le paramètre s.
A partir de la solution $iref = (145, 86, 34, -16, -112)$ obtenue dans le tableau 4.2, sur une période d'échantillonnage [0,2], ($P = 5$; $s = 1$), celle-ci étant équivalente à $iref = (145, 145, 86, 86, 34, 34, -16, -16, -112, -112)$ sur une période d'échantillonnage [0,1], ($P = 10$; $s = 1$), et en étalant cette solution sur une portée maximale de 40 Ampères, on génère le pavé suivant

$$IREF = [125,150] \times [125,150] \times [66,106] \times [66,106] \times [14,54] \times$$

$$[14,54] \times [-36,4] \times [-36,4] \times [-132, -92] \times [-132, -92]$$

où la solution sera recherchée; la complexité est ainsi réduite: $(\frac{40}{s} + 1)^P$.

Chapitre 4. Etude de stratégies de commande d'un véhicule électrique

On peut itérer ce procédé afin d'affiner les solutions au fur et à mesure, en s'appuyant sur des solutions obtenues dans les étapes précédentes. Le tableau 4.4 donne les solutions raffinées après 3 itérations.

Instance	$iref$	E_{min} (J)	$posf$ (m)	Vf (km/h)	CPU (s)	$portée$ $(amps)$	$Iter.$
$P = 5$, $s = 10$	(150, 90, 30, $-$ 30, $-$ 110)	23,272	100.24	11.31	2.65	300	23,069
$P = 10$, $s = 10$	(150, 140, 110, 70, 30, 20, $-$ 10, $-$ 30, $-$ 90, $-$ 130)	22,813	100.02	11.48	34	40	264,406
$P = 10$, $s = 5$	(150, 145, 105, 65, 20, 20, 0, $-$ 20, $-$ 80, $-$ 135)	22,698	100.03	12.94	93	20	702,222
$P = 10$, $s = 1$	(150, 147, 104, 63, 21, 20, 0, $-$ 21, $-$ 80, $-$ 136)	22,648	100.00	12.73	193	4	1,410,307

TAB. 4.4 – Tableau des solutions raffinées: vitesse finale libre.

Avec les solutions améliorées, on obtient un gain de 2.68% sur l'indice de performance pour 323 s de temps CPU en plus. Les courbes de la figure 4.6 sont issues de la dernière solution raffinée (cas $P = 10$, $s = 1$). Le calcul effectué sur cette solution utilisant directement l'intégrateur numérique $RK4$ sans l'utilisation des matrices, conduit à une valeur de l'énergie $\overline{Emin} = 22876$ J, une position $\overline{pos} = 98.71$ m. L'erreur de calcul est d'environ 1% pour l'énergie, 1.3% pour la position.

La courbe du courant i_m de la figure 4.6 est à sa valeur maximale au début du cycle puis s'estompe dans le temps et passe aux valeurs négatives qui correspondent à la phase de recouvrement. En effet, l'allure décroissante de la courbe de l'énergie vers la fin du cycle, correspond à la phase de récupération de l'énergie électrique. Le courant i_m reste piégé autour de $iref$ avec une tolérance Δ comme cela est illustré dans la figure 4.2 après agrandissement. Les valeurs de u commutent intensément entre -1 et $+1$, ceci est dû au fait que le courant dans le moteur augmente rapidement (environ 3 ampères par milliseconde). La courbe de la tension V_m illustre parfaitement ces phases de commutations. Ses valeurs (entre -150V et +150V) sont hachées à une fréquence telle que le moteur ne perçoit que la valeur moyenne. (La figure a été agrandie pour la visualisation). La courbe de la commande représente les valeurs de u synthétisées en un signal lissé par la technique MLI (modulation de largeur d'impulsion) sur une succession d'états discrets ($+1, -1$) pendant un cycle de deux commutations. La valeur affectée est une moyenne sur les valeurs intermédiaires.

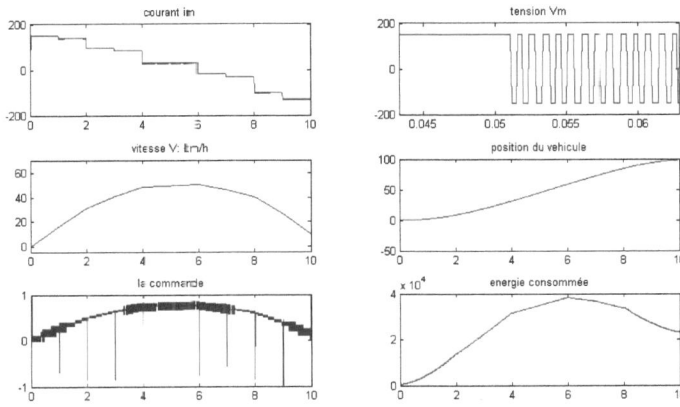

FIG. 4.6 – *Cas: P=10; s=1; posf=100 m.*

4.6.2 Cas d'une contrainte sur l'état final de la vitesse

La vitesse finale dans la courbe de la figure 4.6 n'est pas égale à zéro. Cependant, notre méthode par affinage successif peut prendre en compte ce paramètre. Pour comparer les solutions, on simule les mêmes instances précédentes en ajoutant une contrainte sur la vitesse finale, c'est-à-dire, un déplacement de 100 mètres, et un cycle $t_f = 10$ secondes avec une vitesse finale nulle: $(i_m(0),\Omega(0),pos(0)) = (0,0,0)$; $(i_m(t_f),\Omega(t_f),pos(t_f)) \in \mathcal{T} = \mathbb{R} \times \{0\} \times \{100\}$.

Il faut noter aussi que notre algorithme est modifié à la ligne 15 et la ligne 19 en introduisant une contrainte supplémentaire. La ligne 15 devient $(biE < Emin)$ et $(bipos \leq posf)$ et $(bspos \geq posf)$ et $(Vbi(ns+1) \leq vitf)$ et $(Vbs(ns+1) \geq vitf)$ tandis que la ligne 19 devient $(Esol < Emin)$ et $(possol \geq posf)$ et $(Vsol(ns+1) \leq vitf)$. On obtient le tableau 4.5 qui calcule les solutions raffinées dont la dernière est représentée dans la figure 4.7.

Chapitre 4. Etude de stratégies de commande d'un véhicule électrique

Instance	$iref$	E_{min} (J)	$posf$ (m)	Vf (km/h)	CPU (s)	portée $(amps)$	$Iter.$
$P=5$, $s=10$	$(150, 110, 40, -70, -150)$	26517	100.72	-1.17	0.24	300	3022
$P=10$, $s=10$	$(150, 150, 130, 90, 30,$ $20, -50, -60, -150, -150)$	25646	100.00	-0.89	8	40	85630
$P=10$, $s=5$	$(150, 145, 130, 90, 35,$ $20, -50, -65, -140, -150)$	25199	100.00	-0.10	12	20	121889
$P=10$, $s=1$	$(150, 145, 131, 88, 36,$ $20, -50, -66, -138, -150)$	25156	100.01	0.00	116	4	1077629

TAB. 4.5 – Tableau des solutions raffinées: vitesse finale nulle.

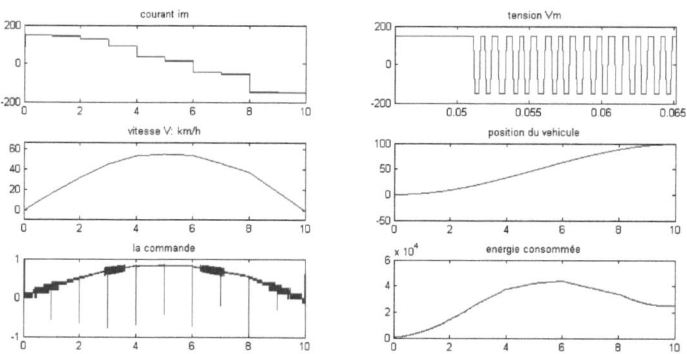

FIG. 4.7 – *Cas: P=10; s=1; posf=100 m; Vf=0.*

La consommation minimale de l'énergie pour ce cas est 10% plus élevée que dans le cas où l'on ne considère pas la contrainte sur la vitesse finale. Le calcul effectué dans ce cas à l'aide de l'intégrateur numérique $RK4$, donne une énergie $\overline{Emin} = 25568\ J$ pour une position $\overline{pos} = 98.83\ m$ et une vitesse finale $Vf = -0.20\ km/h$. L'erreur de calcul est d'environ 1.61% pour l'énergie, 1.17% pour la position et $\pm 0.2\ km/h$ pour la vitesse. Comme le véhicule démarre et termine par une vitesse nulle, celui-ci passe forcément par une phase de décélération correspondant à la phase de récupération de l'énergie électrique. Le courant a une intensité maximale à la première seconde et termine par sa valeur minimale à la fin du cycle pour que le véhicule soit en mesure d'être ramené à l'arrêt (vitesse finale nulle). Par ailleurs, la courbe modulée de la commande possède une allure proportionnelle à celle de la vitesse.

4.6.3 Cas d'une contrainte permanente sur la vitesse et d'une vitesse finale non nulle

Notre algorithme de Branch&Bound peut aussi prendre en compte la contrainte sur le paramètre de vitesse de déplacement. On considère les données précédentes en ajoutant une contrainte sur la variable d'état $\Omega(t)$ en posant $V_l = 50\ km/h$ qui indique une limitation de la vitesse autorisée pour effectuer ce trajet. De manière analogue, la vitesse finale Vf est maintenue à 50 km/h. Les conditions aux bornes s'écrivent $(i_m(0),\Omega(0),pos(0)) = (0,0,0)$; $(i_m(t_f),\Omega(t_f),pos(t_f)) \in \mathcal{T} = \mathbb{R} \times \{\frac{K_r}{3.6 \times r} \times 50\} \times \{100\}$.

Notre algorithme est ainsi modifié à la ligne 15 et à la ligne 19 en introduisant une contrainte supplémentaire. La ligne 16 devient ($biE < Emin$) et ($bipos \leq posf$) et ($bspos \geq posf$) et ($all(Vbi(:,1:ns) \leq vit)$) et ($Vbs(ns+1) \geq vitf$) et ($Vbi(ns+1) \leq vitf$) tandis que la ligne 19 devient ($Esol < Emin$) et ($possol \geq posf$) et ($all(Vsol(:,1:ns) \leq vit)$) et ($Vsol(ns+1) \geq vitf$). ($all(Vbi) \leq vit$)) signifie que toutes les composantes du vecteur Vbi sont inférieures ou égales à vit, la vitesse de déplacement autorisée. La solution obtenue après raffinage, est reportée dans le tableau 4.6 et représentée dans la figure 4.8.

Instance	$iref$	E_{min} (J)	$posf$ (m)	Vf (km/h)	CPU (s)	portée (amps)	Iter.
$P=5$, $s=10$	(120, 60, 50, 30, 40)	43836	100.10	51.49	0.70	300	8100
$P=10$, $s=10$	(120, 100, 80, 70, 50, 40, 30, 40, 30, 30)	42495	100.06	50.24	36	40	341281
$P=10$, $s=5$	(120, 95, 85, 65, 50, 50, 35, 30, 35, 25)	42475	100.03	50.04	67	20	618853
$P=10$, $s=1$	(121, 96, 83, 63, 48, 50, 37, 30, 34, 24)	42151	100.24	50.02	93	4	804511

TAB. 4.6 – Tableau des solutions raffinées: contrainte sur la vitesse de déplacement et vitesse finale égale 50km/h.

L'erreur constatée lors du calcul effectué sur cette solution à l'aide de l'intégrateur numérique

Chapitre 4. Etude de stratégies de commande d'un véhicule électrique

$RK4$, est d'environ 1.06% pour l'énergie ($\overline{E}_{min} = 41702\ J$), 1% pour la position ($\overline{pos} = 99.23\ m$) et $\pm 0.4\ km/h$ pour la vitesse (vitesse finale $\overline{V}f = 49.62\ km/h$).

La courbe représentant le courant prend sa valeur maximale au début du cycle, décroît jusqu'à atteindre une valeur constante autour de 30 ampères vers les 4 dernières secondes pour pouvoir maintenir la vitesse de roulement à sa valeur désirée. C'est la phase d'un régime permanent du moteur et il n'y a pas de récupération d'énergie électrique sur ce profil. Comme mentionné dans le paragraphe précédent, on remarque aussi que la courbe de la commande suit parfaitement l'allure de la courbe de la vitesse.

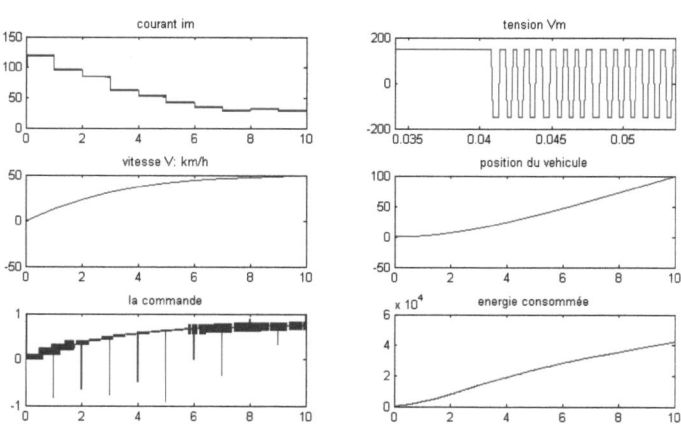

FIG. 4.8 – Cas: $P=10$; $s=1$; $posf=100\ m$; $V(t) \leq 50\ km/h$; $Vf=50\ km/h$.

4.6.4 Cas d'une contrainte permanente sur la vitesse et d'une vitesse finale nulle

Si l'on reprend les tests précédents en imposant une vitesse finale nulle, nos simulations montre que pour $V_l = 50\ km/h$ il n'est pas possible d'effectuer le déplacement de 100 mètres, en un temps limité à 10 secondes. Cependant, on réduit le trajet à un déplacement de 90 mètres. Les conditions aux bornes sont $(i_m(0),\Omega(0),pos(0)) = (0,0,0)$; $(i_m(t_f),\Omega(t_f), pos(t_f)) \in \mathcal{T} = \mathbb{R} \times \{0\} \times \{90\}$.

Chapitre 4. Etude de stratégies de commande d'un véhicule électrique

La ligne 15 de l'algorithme devient $(biE < Emin)$ et $(bipos \leq posf)$ et $(bspos \geq posf)$ et $(all(Vbi(:,1:ns) \leq vit))$ et $(Vbi(ns+1) \geq vitf)$ et $(Vbi(ns+1) \leq vitf)$. La ligne 19 devient $(Esol < Emin)$ et $(possol \geq posf)$ et $(all(Vsol(:,1:ns) \leq vit))$ et $(Vsol(ns+1) \leq vitf)$. On obtient dans le tableau 4.7 la solution raffinée (dernière ligne du tableau) représentée dans la figure 4.9.

Instance	iref	E_{min} (J)	posf (m)	Vf (km/h)	CPU (s)	portée (amps)	Iter.
$P=5$, $s=10$	(150, 80, 20, −30 −150)	21285	90.82	−1.65	0.21	300	2912
$P=10$, $s=10$	(150, 140, 100, 60, 30, 0, −20, −30, −130, −150)	20194	90.12	−0.10	8	40	86228
$P=10$, $s=5$	(150, 140, 95, 65, 25, 10, −20, −40, −125, −150)	20044	90.15	0.00	30	20	322521
$P=10$, $s=1$	(150, 138, 95, 63, 27, 11, −19, −38, −127, −150)	19948	90.02	0.00	155	4	1377062

TAB. 4.7 – Tableau des solutions raffinées: contrainte sur la vitesse de déplacement.

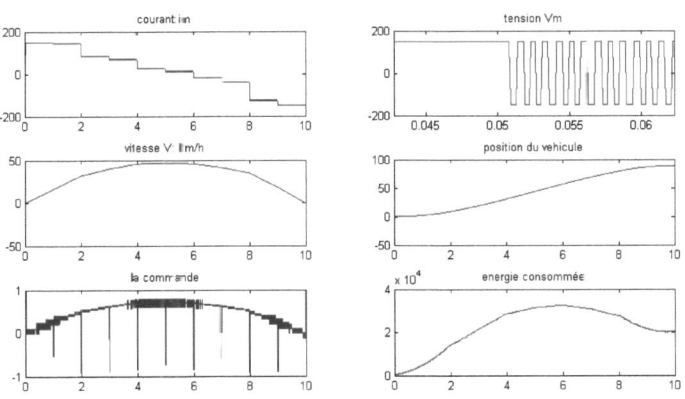

FIG. 4.9 – Cas. P=10; s=1; posf=100 m; $V(t) \leq 50$ km/h; Vf=0.

Chapitre 4. Etude de stratégies de commande d'un véhicule électrique

En utilisant l'intégrateur $RK4$, les valeurs obtenues pour la solution raffinée sont: $\overline{E}min = 20357\ J$ pour une position $\overline{pos} = 88.73\ m$ et une vitesse finale $Vf = -0.33\ km/h$. L'erreur de calcul est d'environ 2% pour l'énergie, 1.43% pour la position et $\pm 0.33\ km/h$ pour la vitesse.

4.6.5 Discussion

Dans le cas ou la vitesse finale est libre, l'allure des courbes représentant le courant semble avoir un profil identique, à savoir des courbes décroissantes avec des courants négatifs vers la fin du cycle, ce qui correspond aux phases de récupérations de l'énergie électrique. Cependant, sur un cycle de temps fixé pour différentes valeur de distance parcourue, les pentes de ces courbes représentant le courant sont plus ou moins importantes en fonction du trajet effectué (voir figure 4.10).

Dans le cas d'une vitesse finale non nulle, les courbes du courant sont décroissantes par rapport à la croissance des trajets; cette tendance s'inverse avec des allures croissantes dans le cas de trajets courts.

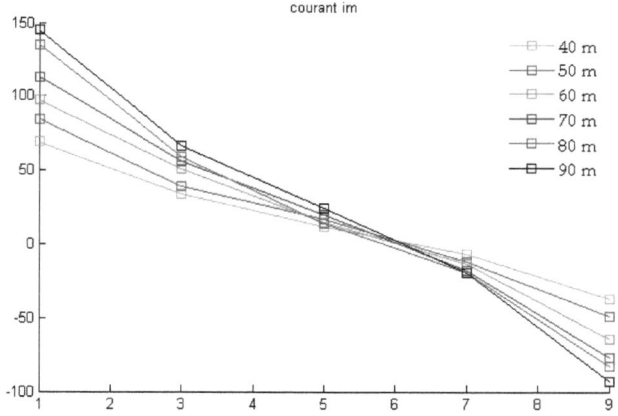

FIG. 4.10 – *allure des courbes du courant: vitesse libre.*

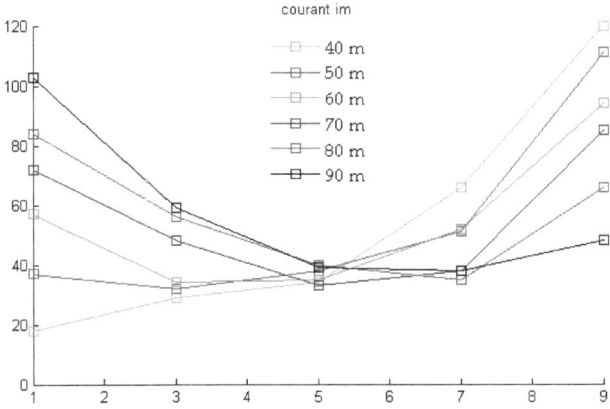

FIG. 4.11 – *allure des courbes du courant: vitesse contrainte.*

4.7 Application au problème d'optimisation bi-critères

On a proposé dans la section précédente une méthode pour approcher une solution globale d'un problème de commande optimale à structure bang-bang via une technique de discrétisation associée à un algorithme de Branch and Bound. On a travaillé sur la minimisation de l'énergie consommée d'un véhicule électrique pour un parcours imposé. On a présenté une méthode originale qui discrétise le problème initial et le résout avec un algorithme de type Branch&Bound. Ainsi, nous avons obtenu des solutions fiables pour ce problème.

Dans cette section, on considère un deuxième critère correspondant à la maximisation de la distance parcourue et conduisant à un problème de contrôle optimal bi-critères. Nous avons adopté une contrainte sur la variable d'état $\Omega(t)$ afin de limiter la vitesse du véhicule (par exemple lorsque celui-ci se situe dans une zone urbaine). En effet, en l'absence de contrainte sur la position du véhicule, il n'est pas possible de minimiser la consommation d'énergie sans au préalable poser une contrainte sur l'état final du véhicule différente de son état initial. Nous étendons ainsi notre méthodologie de résolution développée précédemment pour construire le front de Pareto. On considère le problème d'optimisation bi-critères

Chapitre 4. Etude de stratégies de commande d'un véhicule électrique

suivant:

$$
\begin{cases}
\min_{i_m(t),\Omega(t),u(t)} & (E(t_f,i_m,u),\ -pos(t_f,\Omega)) \\
s.c. & \\
& \dot{i_m}(t) = \frac{u(t)V_{alim}-R_m i_m(t)-K_m\Omega(t)}{L_m} \\
& \dot{\Omega}(t) = \frac{1}{J}\left(K_m i_m(t) - \frac{r}{K_r}\left(MgK_f + \frac{1}{2}\rho SC_x\left(\frac{\Omega(t)r}{K_r}\right)^2\right)\right) \\
& |i_m(t)| \leq 150 \\
& \Omega(t) \leq \frac{K_r}{3.6\times r}\times V_l \\
& u(t) \in \{-1,\ +1\} \\
& (i_m(0),\ \Omega(0)) = (i_m^0,\ \Omega^0) \in \mathbb{R}^2 \\
& (i_m(t_f),\ \Omega(t_f)) \in \mathcal{T} \subseteq \mathbb{R}^2
\end{cases}
\quad (4.8)
$$

où $pos(t_f,\Omega)$ est la position du véhicule au temps t_f induite par l'équation suivante:

$$pos(t_f,\Omega) = \int_0^{t_f} \frac{\Omega(t)\times r}{K_r}dt. \quad (4.9)$$

La méthodologie proposée pour résoudre ce problème s'appuie sur notre algorithme de type Branch&Bound qui fournit des solutions exactes (si l'on prend la méthode ME dans le calcul des bornes) pour le problème d'optimisation globale discrétisé (4.10) qui correspondent à des solutions approchées du problème (4.8)

$$
\begin{cases}
\min_{iref\in\{-150,-150+s,-150+2s,\cdots,150\}^P} (\sum_{k=1}^{P} E_k,\ -\sum_{k=1}^{P} pos_k) \\
s.c. \\
\quad (E_k,i_k,\Omega_k,pos_k) := VSF(iref_k,t_{k-1},t_k) \\
\quad \Omega_k \leq \frac{K_r}{3.6\times r}\times V_l \\
\quad (E_0,i_0,\Omega_0,pos_0) = (E^0,i_m^0,\Omega^0,pos^0) \in \mathbb{R}^4 \\
\quad (i_P,\Omega_P) \in \mathcal{T} \subseteq \mathbb{R}^2
\end{cases}
\quad (4.10)
$$

Pour les simulations, on a opté pour un profil comprenant un cycle de temps $t_f = 10s$, une vitesse maximale de circulation $V_l = 50km/h$ sous les conditions initiales $(i_m(0),\Omega(0)) = (0,0)$ et les conditions finales $(i_m(t_f),V(t_f)) \in \mathcal{T} = \mathbb{R}\times\{50km/h\}$. Les paramètres de simulation sont $P = 5$ (donc des pas de temps de 2 secondes) et $s = 1$ (donc un saut d'un ampère). Les deux critères considérés (minimiser la consommation d'énergie et maximiser la distance parcourue sur un cycle fixé) sont de nature conflictuelle. En optimisant le critère

Chapitre 4. Etude de stratégies de commande d'un véhicule électrique

de l'énergie, sans tenir compte de l'autre critère, on résout le problème d'optimisation suivant :

$$\begin{cases} \min_{iref \in \{-150, -150+s, -150+2s, \cdots, 150\}^P} \sum_{k=1}^{P} E_k \\ s.c. \\ \quad (E_k, i_k, \Omega_k, pos_k) := VSF(iref_k, t_{k-1}, t_k) \\ \quad \Omega_k \leq \frac{K_r}{3.6 \times r} \times V_l \\ \quad (E_0, i_0, \Omega_0, pos_0) = (E^0, i_m^0, \Omega^0, pos^0) \in \mathbb{R}^4 \\ \quad (i_P, \Omega_P) \in \mathcal{T} \subseteq \mathbb{R}^2 \end{cases} \quad (4.11)$$

Notre algorithme est ainsi modifié à la ligne 15 et la ligne 19. La ligne 15 devient ($biE < Emin$) et ($all(Vbi(:,1:ns) \leq vit)$) et ($Vbs(ns+1) \geq vitf$) et ($Vbi(ns+1) \leq vitf$) tandis que la ligne 19 devient ($Esol < Emin$) et ($all(Vsol(:,1:ns) \leq vit)$) et ($Vsol(ns+1) \geq vitf$). La solution obtenue après raffinage, est reportée dans le tableau 4.8 et représentée dans la figure 4.12.

Instance	$iref$	E_{min} (J)	$posf$ (m)	Vf (km/h)	CPU (s)	portée	Iter.
$P=5$, $s=10$	(10, 30, 50, 70, 110)	32691	40.98	50.12	7.50	150	21298
$P=5$, $s=5$	(0, 10, 40, 75, 140)	31807	26.31	49.87	4.77	50	15705
$P=5$, $s=1$	(1, 10, 41, 73, 140)	31780	26.75	49.89	5.33	10	16821

TAB. 4.8 – Tableau des solutions raffinées: position non contrainte.

Chapitre 4. Etude de stratégies de commande d'un véhicule électrique

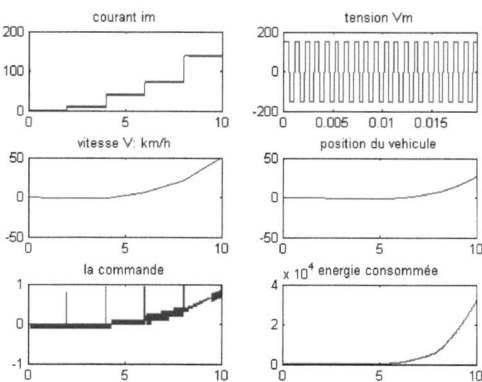

FIG. 4.12 – *Energie minimale, Cas: P=5, s=1, $V(t) \leq 50$ km/h, Vf=50 km/h.*

La courbe reproduisant le courant est croissante et ses valeurs pour la première partie du cycle sont très faibles au point qu'elles sont insuffisantes pour vaincre l'inertie du véhicule. Ce dernier reste donc immobile sur cette partie mais arrive à atteindre la vitesse désirée sur l'autre moitié du cycle. Ainsi, l'énergie consommée est minimisée.

En optimisant le critère position, sans tenir compte de la consommation de l'énergie, on résout le problème d'optimisation suivant :

$$\begin{cases} \max_{iref \in \{-150, -150+s, -150+2s, \cdots, 150\}^P} \sum_{k=1}^{P} pos_k \\ s.c. \\ \quad (E_k, i_k, \Omega_k, pos_k) := VSF(iref_k, t_{k-1}, t_k) \\ \quad \Omega_k \leq \frac{K_r}{3.6 \times r} \times V_l \\ \quad (E_0, i_0, \Omega_0, pos_0) = (E^0, i_m^0, \Omega^0, pos^0) \in \mathbb{R}^4 \\ \quad (i_P, \Omega_P) \in \mathcal{T} \subseteq \mathbb{R}^2 \end{cases} \quad (4.12)$$

Notre algorithme est ainsi modifié à la ligne 15 et la ligne 19. La ligne 15 devient (*bspos > posmin*) et (*all(Vbi ≤ vit)*) et (*Vbi(ns + 1) ≤ vitf*) tandis que la ligne 19 devient (*possol > posmin*) et (*all(Vsol ≤ vit)*) et (*Vsol(ns + 1) ≤ vitf*). La solution obtenue après raffinage, est reportée dans le tableau 4.9 et représentée dans la figure 4.13.

Chapitre 4. Etude de stratégies de commande d'un véhicule électrique

Instance	$iref$	E (J)	pos_{max} (m)	V_f^f (km/h)	CPU (s)	portée	Iter.
$P=5$, $s=10$	(150, 90, 20.20,20)	46836	114.72	49.18	2.66	300	9513
$P=5$, $s=5$	(150, 90, 20, 20, 20)	46836	114.72	49.18	0.54	100	2360
$P=5$, $s=1$	(150, 90, 21, 22, 21)	47846	115.38	50.16	1.85	20	7864

TAB. 4.9 – Tableau des solutions raffinées: énergie non contrainte.

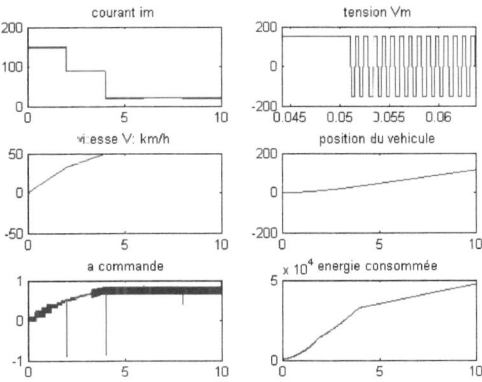

FIG. 4.13 – *Distance maximale, Cas: P=5, s=1, $V(t) \leq 50$ km/h, Vf=50 km/h.*

La courbe représentant le courant est décroissante; elle décroît rapidement au bout des 4 premières secondes pour se stabiliser autour d'une valeur constante pour le reste du cycle. Ceci est dû au fait que la vitesse à cet instant à atteint sa limite maximale autorisée, et garde cette valeur jusqu'à la fin du cycle.

Le point idéal $(E^*_{min}, pos^*_{max}) = (31780J, 115.38m)$. Pour $E^*_{min} = 31780J$, la distance parcourue est $pos_* = 26.75m$. Pour $pos^*_{max} = 115.38m$, l'énergie consommée est $E_* = 47846J$.

Pour construire le front de Pareto (figure 4.14), on discrétise avec un pas de $1m$ les valeurs de la position entre pos_* et pos^*_{max}, et on minimise l'énergie correspondant à la position fixée.

Chapitre 4. Etude de stratégies de commande d'un véhicule électrique

En utilisant notre méthodologie avec raffinage successif et dans le cadre de l'heuristique $H3$, Le temps de traitement complet est d'environ 30 minutes.

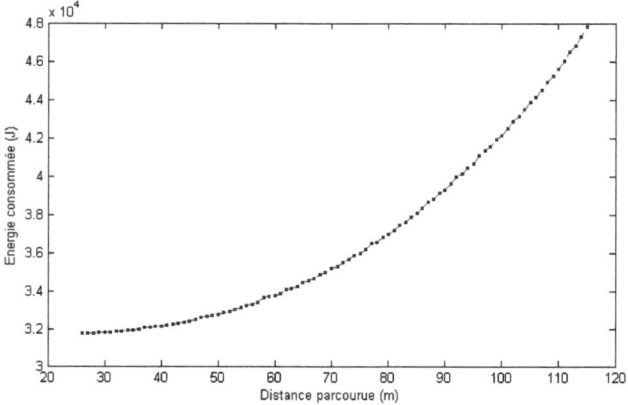

FIG. 4.14 – *Front de Pareto*

En optimisation multicritères, la recherche du meilleur compromis utilisé dans la méthode du Goal Programming implique la minimisation de

$$\|(E(t_f, i_m, u),\ pos(t_f, \Omega)) - (E^*_{min},\ pos^*_{max})\|_p$$

où $\|.\|_p$ désigne la norme de ℓ^p. Il est important dans ce cas de mettre les deux critères dans le même ordre de grandeur (un déplacement à l'origine et un coefficient multiplicatif qui affecte à la même échelle les valeur des deux paramètres). La solution obtenue est atteinte pour $(E = 37615J, 83m)$ pour la norme L^2 ; $(E = 36544J, 78m)$ pour la norme L^1 et $(E = 37892J, 84m)$ pour la norme L^∞.

4.8 Conclusion

Le problème de gestion de l'énergie d'un véhicule électrique a été exprimé comme un problème de commande optimale avec contrôle Bang Bang qui est, en général, difficile à résoudre en utilisant le méthodes classiques telles que le PMP et les méthodes directes.

Chapitre 4. Etude de stratégies de commande d'un véhicule électrique

Dans ce travail, on a résolu, en utilisant une méthode originale, basée sur des techniques de discrétisation et une méthode de type Branch&Bound, un problème difficile d'optimisation globale qui est une approximation du problème de contrôle optimal initial. Un algorithme a été élaboré et peut être exploité pour des problèmes multicritères de contrôle optimal. Il reste à l'améliorer en enquêtant sur des sujets tels que la gestion des trajets avec des pentes et la régulation par vitesse de référence.

En outre, faute de temps, nous comptons traiter ultérieurement ce pb dans le cas continu. L'objectif est d'améliorer l'efficacité de notre algorithme de type Branch&Bound. Une voie possible est la résolution du problème (4.7) directement par le calcul des bornes.

Conclusion

Ce travail est consacré à l'étude des problèmes d'optimisation multicritères notamment ceux intervenant dans la théorie du contrôle optimal. La formulation multicritères des systèmes de contrôle est essentiellement nécessaire dans un scénario mondialisé où la compétitivité des entreprises a une influence importante sur l'efficacité de tout système de production. L'approche multicritères ouvre ainsi des perspectives par la possibilité de trouver les meilleurs compromis entre plusieurs critères incompatibles. Les contributions de ces travaux se situent beaucoup plus au niveau algorithmique qu'au niveau théorique. Nous nous sommes en effet attachés à concevoir des méthodes et des procédés algorithmiques permettant de traiter efficacement des problèmes tout en respectant un cadre théorique solide justifiant rigoureusement notre démarche.

Le chapitre 1 de ce manuscrit est consacrée aux principales méthodes génériques utilisées en optimisation multicritères, ainsi qu'aux fondements théoriques du contrôle optimal et des systèmes de contrôle.

Nous avons examiné dans le chapitre 2, un problème linéaire multicritères impliquant des paramètres indéterminés. Ce cas traite des problèmes estimés par un ensemble de critères soumis à l'incertitude dont le comportement des paramètres n'est pas connu. La solution proposée est basée sur la notion de *maxmin* vectorielle de Slater. Le problème est transformé en la détermination des points extrêmes faiblement efficaces d'un problème linéaire multiobjectif discret sans indetermination. Un algorithme a est élaboré pour la résolution de ce problème.

Dans le chapitre 3, les méthodes basées sur la pondération des critères de performance et les méthodes de programmation de but, pour une classe générale de problèmes linéaires multicritères de contrôle optimal, sont introduites menant à des problèmes séparables.

CONCLUSION

La recherche d'une solution efficace est basé sur les méthodes de relaxation par blocs. La méthode adapté du simplexe pour cette classe de problème, est développé dans le cas bi-critères en se basant sur un concept d'optimmalité défini préalablement.

Dans le dernier chapitre, nous avons présenté un algorithme numérique pour résoudre un problème de contrôle optimal à structure Bang-Bang d'un véhicule électrique. La méthode de tir basée sur le principe du maximum de Pontryagin à été appliqué sans succès. Les difficultés sont pratiquement dues à la grande sensibilité à l'initialisation, qui demeure un inconvénient majeur des méthodes indirectes. L'application des méthodes directes, nécessitant la discrétisation totale du problème, génère des problèmes d'optimisation de très grandes tailles à cause de la structure particulière du problème. En effet, le contrôle présente un très grand nombre d'opérations de commutations indispensables pour le contrôle du véhicule.

La méthode que nous avons proposé transforme le problème initial en un problème approché d'optimisation globale. Le problème ainsi modifié est résolu à l'aide d'un algorithme de Branch&Bound. La méthode est étendue pour un problème d'optimisation multicritères, et l'utilisation de notre algorithme Branch&Bound est adopté pour l'obtention d'un front de Pareto. Cette méthode est illustrée par le problème pratique bi-critères de minimisation de l'énergie et de maximisation de la distance parcourue du véhicule électrique. Toutefois, il est mentionné que pour réduire les coûts en temps de calcul de la méthode, il est envisagé de procéder à des calculs hors ligne afin de générer des tableaux contenant les valeurs pré-calculées du système.

Bibliographie

[1] Ben-Israel, A., Ben-Tal, A., and Charnes, A. *Necessary and sufficient conditions for a Pareto optimum in convex programming,* Econometrica 45, 811-820, 1977.

[2] Chankong, V., and Hamies, Y.Y. *Multiobjective Decision Making: Theory and Methodology,* New York: Elsevier-North-Holland, 1983.

[3] E. Zitzler, L. Thiele, M. Laumanns, CM Fonseca, and VG da Fonseca. *Performance assessment of multiobjective optimizers: An analysis and review.* IEEE Transactions on Evo- lutionary Computation, 7(2):117–132, 2003.

[4] Ecker, J.G., and Kouada, I.A. *Finding all efficient extreme points for multiple objective linear programs,* Mathematical Programming 14, 249-261, 1975.

[5] Ehrgott, M. *Multicriteria Optimization,* Springer Verlag, Berlin, Heidelberg, 2005.

[6] Fundenberg, D., and Tirole, J. *Game Theory,* The MIT Press, Cambridge, Massachussetts, London, England, fifth Printed, 1995.

[7] Jahn, J. *Theory of vector maximization: various concepts of efficient solutions, in Multicriteria Decision Making,* T.Gal, T. Hanne, and T.J. Stewart (eds), Kluwer, Boston, 1999.

[8] Luc, D.T. *Theory of Vector Optimization,* Lecture Notes in Economics and Mathematical Systems 319, Springer-Verlag, Berlin, 1989.

[9] Luce, R.D., and Raiffa, H. *Games and Decisions, Introduction and Critical Survey,* John Wiley and Sons INC, New York, 1957.

[10] Polinovsky, V.V., and Noguine, V.D. *Pareto Optimal Solutions in Multicriteria Problems,* Nouaka, Moscow, 1982.

[11] Ruis-Canales, P., and Rufian-Lizana, A. *A characterization of weakly efficient points,* Mathematical Programming 68, 205-212, 1995.

[12] Sawaragi, Y., Nakayama, H., and Tanino, T. *Theory of Multiobjective Optimization,* Academic Press, Orlando FL, 1985.

Bibliographie

[13] Steuer, R.E. *Multiple Criteria Optimization: Theory, Computation and Application,* John Wiley and Sons, New York, 1986.

[14] Yu, P.L. *Cone convexity, cone extreme points, and nondominated solutions in decision problems with multiobjectives,* Journal of Optimisation Theory and Applications 14, 319-377, 1974.

[15] Yu, P.L. *Multiple Criteria Decision Making: Concepts, Techniques and Extensions,* Plenum Press, New York, 1985.

[16] Zeleny, M. *Multiple Criteria Decision Making,* McGraw-Hill, New York, 1982.

[17] M. Zeleny. *Linear Multiobjective programming,* LNEMS 95, Springer Verlag, Berlin, 1974.

[18] Zhukovsky, V.I., and Salukvadze, M.E. *The Vector-Valued Maxmin,* Mathematics in Sciences and Engineering, vol.193. Academic Press, Inc. Harcourt Brace & Company. Publishers, Boston, San Diego, New York, London, Sidney, Tokyo, Toronto, 1994.

[19] Zhukovsky, V.I., and Molostvov, C.I. *Multicriteria Optimisation under Incomplete Information,* International Research Institute for Management Science, Moscow, 1990.

[20] V. Pareto. *Economie mathématique,* Encyclopédie des sciences mathématiques, Leipzig&Paris, 1911.

[21] A. Charnes and W.W. Cooper. *Management models and industrial applications of linear programming.* J. Wiley, New York, 1961.

[22] J. Ijiri. *Management Goals and Accounting for Control,* American Elsevier, New York, 1965.

[23] P.C. Fishburn. *The Foundations of Expected Utility,* D. Reidel Publishing, Dordrecht, 1982.

[24] P.C. Fishburn. *Nonlinear preference and utility theory,* Johns Hopkins University Press, Baltimore, 1988.

[25] T.L. Saaty. *Fundamentals of the Analytic Hierarchy Process,* RWS Publications, 4922 Ellsworth Avenue, Pittsburgh, PA 15413, 2000.

[26] Saaty T.L.; Vergas L.G. *Diagnosis with Dependent Symptoms: Bayes Theorem and the Analytic Hierarchy Process,* Operations Research. Vol.46, No.4, July-August 1998.

[27] Mittienen K. *On the Methodology of Multiobjective Optimization Problems,* Journal of Optimization Theory and Applications 42, No-4, 499-524, 1984.

[28] J.P. Ignizio. *Goal Programming and Its Extensions,* D.C. Heath, Lexington, MA, 1976.

[29] J.P. Ignizio. *Linear Programming in Single- Multiple- Objective Systems,* Prentice-Hall Inc., New Jersey, 1982.

Bibliographie

[30] J.P. Ignizio. *Introduction to Linear Goal Programming,* Sage Publications, 1986.

[31] J. Spronk. *Interactive Multiple Goal Programming: Applications to Financial Planning,* Martinus Nijhoff Publishing, Boston, 1981.

[32] Martel, J.-M. and Aouni, B. *Diverse Imprecise Goal Programming Model Formulations,* Journal of Global Optimization, 12, 1998, 127–138.

[33] Slowinski R. *FLIP : An Interactive Method for Multiobjective Linear Programming with Fuzzy Coefficients,* Pp. 249-262, 1990.

[34] B. Roy. *Multicriteria Methodology for Decision Aiding,* Kluwer Academic, Dordrecht, 1996.

[35] Teghem Jr. and Kunsh P.L. *A Survey Of Techniques For Finding Efficient Solutions To Multi-Objective Integer Linear Programming,* Asia-Pacific Journal of Operational Research 3 95-108, 1986.

[36] H. Raiffa. *Decision Analysis - Introductory lectures on choices under uncertainty,* Addison Wesley, Reading, MA, 1970.

[37] R.L. Keeney and H. Raiffa. *Decisions with multiple objectives: Preferences and value tradeoffs,* J. Wiley, New York, 1976.

[38] J. von Neumann and O. Morgenstern. *Theory of games and economic behaviour,* Princeton University Press, Princeton, 1947.

[39] Moulin H. *La convexité dans les mathématiques de décision,* Hermann, Paris, 1979.

[40] Ekeland I. *Elements d'économie mathématique,* Hermann, Paris, 1979.

[41] R. Gabassov, F.M. Kirrillova. *Optimisation des systèmes lineaires,* Edition Minsk, 1973 (en russe).

[42] R. Gabassov and F.M. Kirrillova, *Methods of Linear programming,* Belarus. Gos. Univ., Minsk, 1978/1980, Parts 2, 3 (in Russian).

[43] R. Gabassov, F.M. Kirrillova and O.I. Kostyukova. *Adaptative method of solving large problem of linear programming,* Preprints of IPAS-IFOPS Bulgaria 1979.

[44] R. Gabassov and F.M. Kirrillova, *Constructives Methods of Optimization,* Problem of command T2, edition of Minsk University, 1984 (in Russian).

[45] O.I. Kostyukova. *Properties of solutions to a parametric linear-quadratic optimal control problem in neighborhood of an irregular point.* Comp. Math. and Math. Physics, Vol. 43, No 9, 1310-1319, 2003.

[46] O.I. Kostyukova. *Parametric optimal control problems with a variable index,* Comp. Math. and Math. Physics, Vol. 43, No 1, 24-39, 2003.

Bibliographie

[47] O.I. Kostyukova and E. Kostina. *Analysis of Properties of the solutions to parametric time-optimal problems,* Comput. Optim. Appl. 26, No 3, 285-326, 2003.

[48] O.I. Kostyukova. *A parametric convex optimal control problem for a linear system,* J. Appl. Math. Mech. 66, No 2, 187-199, 2002.

[49] O.I. Kostyukova. *An algorithm for solving optimal control problems,* Comput. Math. and Math. Phys.39, No 4, 545-559, 1999.

[50] O.I. Kostyukova. *Investigation of solutions of a family of linear optimal control problems depending on a parameter,* Differ.Equations 34, No 2, 200-207, 1998.

[51] M.Aidene, I.L.Vorob'ev, B. Oukacha. *Algorithm for solving a linear optimal control problem with minimax performance index,* Comput. Math. and Math. Phys.45, No 10, 1691-1700, 2000.

[52] A. Girard, *Optimal control of linear system. A multiresolution approach,* 43rd IEEE conference on décision and control, Nassau, Bahamas, 2004.

[53] M.M. El-Kady, M.S. Salm, A.M. El Sagheer. *Numerical Treatement of Multiobjective Optimal Control Problems,* Automatica, Volume 39, Issue 1, Pages 47-55, January 2003.

[54] E.A. Galperin. *Goal Optimal Pareto Solution of Multiobjective Linear Programs and its Computing with Standard Single Objective LP Software,* Mathematical and Computer Modelling. Vol. 37, no 7-8, pp. 785-794, 2003.

[55] V. Alexeev, V. Tikhomirov, S. Fomine. *Commande Optimale,* Edition Mir-Moscow, 1982.

[56] G. Mastroeni. () *Minimax and Extremum Problems Associated to a Variational inequality,* Rendiconti Del Circolo Matematico di Palermo, Serie II, Vol. 58, pp. 185-196, 1999.

[57] P. Mahey. *Decomposition Methods in Mathematical Programming,* In Handbook of Applied Optimization, P. PARDALOS, M. RESENDE Eds, Oxford Press, 8 pages, 2002.

[58] M. Minoux. *Mathematical Programming, Theory and Algorithms,* John Wiley, New York, 1986.

[59] R.V. Gamkrelidze. *Discovery of the maximum principle,* Journal of Dynamical and Control System, Vol. 5, no. 4, 437-451, 1999.

[60] A. Sciarreta, L. Guzzella. *Control of Hybrid Electric Vehicles - A Survey of Optimal Energy-Management Strategies,* IEEE Control Systems Magazine, Vol. 27, N. 2, pp. 60–70, 2007.

[61] C. Musardo, G. Rizzoni. Y. Guezennec, B. Staccia. *A-ECMS: An Adaptive Algorithm for Hybrid Electric Vehicle Energy Management,* European Journal of Control, N. 11 (4–5), pp. 509–524, 2005.

Bibliographie

[62] J. Bernard, S. Delprat, T.M. Guerra, F. Buechi. *Fuel Cell Hybrid Vehicles: Global Optimization based on Optimal Control Theory*, International Review of Electrical Engineering, 1, 2006.

[63] R. Trigui, F. Harel, B. Jeanneret, F. Badin, S. Dérou. *Optimisation globale de la commande d'un moteur synchrone à rotor bobiné. Effet sur la consommation simulée de véhicules électriques et hybrides*, Colloque National Génie Électrique Vie et Qualité: GEVIQ'2000. Marseille, 21-22 mars 2000.

[64] R. Trigui, F. Badin, P. Maillard, A. Mailfert, *Etude de l'usage réel d'un véhicule utilitaire électrique*, Revue Transport et Sécurité n°50, pp. 17-32, mars 1996.

[65] M. Kant, *Motorisation d'un véhicule électrique*, Université de Compiègne RGE- n°10/93, pp. 29-38, novembre 1993.

[66] L. Idoumghar, D. Fodorean et A. Miraoui, *Simulated Annealing Algorithm for multiobjective optimization: Application to Electric Motor Design*, Proceeding of the 29th IASTED International Conference on Modelling, Identification and Control, pp. 190-196, February 15-17, 2010.

[67] M.S. Couceiro, C.M. Figueiredo, C. Lebres, N.M. Fonseca Ferreira, and J.A. Tenreiro Machado. *Electric Vehicle Drive System with Adaptive PID Control*, Modelling, Identification and Control - 2010.

[68] M. Marty, D. Dixneuf et D. Garcia Gilabert *Principes d'éléctrotechnique*, DUNOD, Paris - 2005.

[69] E. Polak, *On the use of consistent approximations in the solution of semi-infinite optimization and optimal control problems*, Math. Prog. Série A, 62 pp. 385-414, 1993.

[70] R.E. Kalman, *Mathematical description of linear dynamical systems*, J. SIAM Control, 1, 152-192, 1963.

[71] R. Vinter, *Optimal Control, Systems and Control: Foundations and Applications*, Birkhäuser Boston, Inc, Boston, MA, 2000.

[72] R.F. Hartl, S.P. Sethi, R.G. Vickson, *A survey of the maximum principles for optimal control problems with state constraints*, SIAM Review 37, no.2, 181-218, 1995.

[73] E. Trélat, *Contrôle optimal: théorie et applications*, Vuibert, Collection "Mathématiques Concrètes", 2005.

I want morebooks!

Buy your books fast and straightforward online - at one of the world's fastest growing online book stores! Environmentally sound due to Print-on-Demand technologies.

Buy your books online at
www.get-morebooks.com

Achetez vos livres en ligne, vite et bien, sur l'une des librairies en ligne les plus performantes au monde!
En protégeant nos ressources et notre environnement grâce à l'impression à la demande.

La librairie en ligne pour acheter plus vite
www.morebooks.fr

VDM Verlagsservicegesellschaft mbH
Heinrich-Böcking-Str. 6-8　　　　　　　　　　　　　info@vdm-vsg.de
D - 66121 Saarbrücken　　　Telefax: +49 681 93 81 567-9　www.vdm-vsg.de

Printed by Books on Demand GmbH, Norderstedt / Germany